主编 EDITOR

辛衍涛

卫生管理研究员，北京回龙观医院党委书记，副院长。北京市医院管理局基础运行专家委员会主任委员。

长期从事医院管理工作和卫生管理研究,具有多年的医院基本建设管理经验。先后发表医院管理论文40余篇，其中SCI论文2篇。参编医院管理专著两部。曾参与编写《医院评价标准》，承担应急管理部分的起草工作。国家《绿色医院建筑评价标准》编委会成员，负责医院运行管理部分的编写。翻译完成了《全球绿色与健康医院议程》《能源管理指南》《水资源管理指南》等。

郭金成

高级工程师，绿色建筑与建筑节能专家，重庆海润节能技术股份有限公司董事长，中国医学装备协会医院建筑与装备分会常务委员，中国城科会绿建委医院建筑学组委员，国家暖通空调及净化设备标准化技术委员，重庆市建筑室内环境工程技术研究中心主任，重庆市绿色建筑与产业化协会副会长。

拥有20年建筑节能工作经验，主持超100余个大型绿色医院与可再生能源应用项目，参与编制包括国标《绿色医院建筑评价标准》、重庆《绿色医院建筑评价标准》等行业规范标准12项，累计发表十余篇专业论文。

副主编 EDITOR

童学江

工学硕士，高级工程师，重庆海润节能技术股份有限公司副总裁，重庆海润节能研究院常务副院长，中国建筑节能协会绿色医院专委会委员，中国绿建委绿色医院建筑学组委员，重庆科技学院硕导，重庆大学城市科技学院客座教授。

拥有17年绿色建筑行业工作经验，主要从事绿色建筑及建筑节能技术研究、咨询与管理，绿色建筑改造及绿色运维。参与编制多部国家、行业及地方标准，先后主持包括全国第一家绿色三星级医院在内的数十家医院建筑技术服务工作，累计获得数十项国家专利。

毛海峰

主任医师，山东省博兴县中医医院院长。第十二届山东省人大代表、民盟博兴县支部主委、滨州市委委员、博兴县政协副主席、世界中医药联合会温病专业委员会副会长、中国中医药促进会仲景医学分会副会长、中医药人才信息分会副会长。在《中华医院感染杂志》等国家级刊物发表论文26篇；《改良膝关节穿刺方法》荣获滨州市科技进步一等奖；参与编写专著2部；荣获山东省卫生系统“青年岗位能手”，山东省卫生系统质量管理效益年先进个人，滨州市“富民兴滨”劳动奖章；中国民主同盟山东省委参政议政先进个人，滨州市科技工作先进个人（记二等功），滨州市青年科技奖等荣誉称号。

杨继承

研究生学历，中共党员，副主任医师，云南省保山市第二人民医院（即隆阳区人民医院）院长，清华大学“现代医院运营管理高级研修班”优秀学员，在核心期刊发表多篇文章。多次受到省、市、区级奖励，被评选为“2018年度云南省医院协会优秀医院院长”。曾多次应邀出席国家、省、市级学术会议以及医院管理会议并进行主题演讲，荣获2008年医学学术交流活动三等奖。

星级绿色医院建筑创建指南

Guidelines of Star-rated Green Hospital Construction

主　编◎辛衍涛　郭金成
副主编◎童学江　毛海峰　杨继承

中国出版集团
研究出版社

图书在版编目（C I P）数据

星级绿色医院建筑创建指南 / 辛衍涛，郭金成主编．– 北京：研究出版社，2019.4

ISBN 978-7-5199-0380-0

Ⅰ．①星… Ⅱ．①辛… ②郭… Ⅲ．①医院–生态建筑–建筑设计–指南 Ⅳ．
① TU246.1-62

中国版本图书馆 CIP 数据核字 (2019) 第 046721 号

出 品 人：赵卜慧

责任编辑：陈侠仁

星级绿色医院建筑创建指南

XINGJI LVSEYIYUANJIANZHU CHUANGJIAN ZHINAN

作　　者：辛衍涛　郭金成　主编

出版发行：研究出版社

地　　址：北京市朝阳区安定门外安华里 504 号

电　　话：010-64217619　64217612（发行中心）

网　　址：www.yanjiuchubanshe.com

经　　销：新华书店

印　　刷：北京华邦印刷有限公司

版　　次：2019 年 4 月第 1 版　　2019 年 4 月第 1 次印刷

开　　本：889 毫米 ×1194 毫米　　1/16

印　　张：13

字　　数：150 千字

书　　号：ISBN 978-7-5199-0380-0

定　　价：158.00 元

《星级绿色医院建筑创建指南》

编 撰 委 员 会

主　　编： 辛衍涛　郭金成

副 主 编： 童学江　毛海峰　杨继承

组织单位： 重庆海润节能技术股份有限公司

重庆海润节能研究院

图书策划： 北京筑医台文化有限公司

参编人员（排名不分先后）

姓名	所属机构	姓名	所属机构
李立荣	北京大学国际医院	乔天顺	河南省安阳市人民医院
刘玉龙	清华大学建筑设计研究院有限公司	张　伟	云南省保山市第二人民医院
蔡显斌	贵州息烽县人民医院	龙　泉	重庆市云阳县中医院
刘鹏飞	山东同圆数字科技有限公司	林　牧	云南省保山市第二人民医院
王　彦	清华大学建筑设计研究院有限公司	周志强	河南省安阳市人民医院
王效磊	山东同圆数字科技有限公司	张治国	河南省安阳市人民医院
祝根原	重庆海润节能技术股份有限公司	王留海	河南省安阳市人民医院
王　雷	裕昌控股集团有限公司	许蜀榕	重庆海润节能研究院贵州分院
刘丽莹	重庆科技学院	丁艳蕊	重庆海润节能研究院
邓晓梅	重庆海润节能研究院	万艳阳	重庆海润节能研究院
郭金安	海润新风（重庆）智能技术有限公司	戴菖余	重庆海润节能研究院
雷　维	海润新风（重庆）智能技术有限公司	杨锐星	重庆海润节能研究院
王　珊	重庆海润节能研究院	孔祥飞	重庆海润节能研究院
郭玲珑	重庆海润节能研究院	刘世华	北京达实德润能源科技有限公司
黄　雪	重庆海润节能研究院		

编委会秘书： 梁菊　何芙蓉　田娟

序

坚持绿色发展，建设美丽中国，是党的十九大作出的重大战略部署。近年来，在城市现代化建设的发展过程中，我国始终坚持可持续发展，绿色发展，不断提高资源利用效率和开发新能源，为城市营造健康、绿色又环保的生态环境，为人民提供更加舒适的生活环境。

我国《绿色建筑评价标准》的编制始于2005年，并先后制定了《绿色建筑评价技术细则》《绿色医院建筑评价标准》等，基本建立了符合我国国情的绿色建筑评价体系。十几年间，我国的绿色建筑从少到多、从区域到全国、从单体向群体、城市规模化发展，我国绿色建筑进入了新的发展阶段。创建绿色医院是全球可持续发展对医疗行业提出的新挑战，绿色医院的核心内涵普遍认为应包括绿色建筑、绿色医疗、患者安全、医患和谐四个方面。其中，绿色医院建筑包括全寿命周期的设计、建造、运行、维护等，实现对环境资源高效率利用，使规划、设计、运行等可量化指标达到“绿色化”。构建绿色医院使医院的运营成本得到有效控制，同时，也为广大患者和医务人员提供更加安全、舒适、健康、高性能的环境。

《星级绿色医院建筑创建指南》是在对绿色医院建筑建设经验总结的基础上，对未来的建设研究提出的指导性意见，具有国际视野和前瞻性。该书从绿色医院建设未来发展角度出发，梳理和总结了我国绿色医院建筑的发展和优秀成果，作为工具书可以指导绿色医院建筑建设。同时，大量优秀绿色医院建设案例又非常具有可参考性和借鉴意义。创建与环境资源互动友好的节能型绿色医院是医疗行业融入环保大潮流的必然选择，也是未来医院发展的必然趋势，结合国外绿色医院建筑的发展，作者对我国未来绿色医院建筑建设提出了一些新的思考与建议。

相信此书的出版能够让医院管理者和建设者进一步加深对绿色医院理念的理解，为推动绿色医院建筑的发展，建设中国“绿色、智慧、人文”的医院。

刘殿奎

中国医学装备协会医院建筑与装备分会会长

2019年3月

前言

近几年来，绿色医院建筑已成为国内外医院建设与发展的潮流，基于绿色建筑体系的基础，针对医院专项要求的建筑，更多考虑建筑的医护人员和患者的安全、健康、舒适，同时目标是在保证良好的医疗效果和医疗安全的前提下，达到以人为本、科学合理布局、合理规划设计、生态节能环保、运转流畅、环境绿化、可持续发展。

2014 年贵州省息烽县人民医院获得了住建部颁发的全国“三星级绿色建筑设计标识证书”，成为全国第一家通过评审的三星级绿色医院。“海润”在息锋县人民医院绿色医院建筑建设的过程中，合理规划，运用了多项专利技术，实现了建筑在全寿命周期内，最大限度地节能、节地、节水、节材，保护环境和减少污染、与自然和谐共生的建筑。面对当前能源紧张和环境恶化的状况，“绿色医院”将是我国医院建设发展的趋势，也面临着巨大的挑战。

《星级绿色医院建筑创建指南》一书编撰的初衷是希望通过对绿色医院建筑知识体系的梳理，总结绿色医院建筑建设中的创新研究成果，更好地指导绿色医院建筑建设，推动绿色医院建设的发展。本书的编写过程中我们成立了专家编写组和专家审稿委员会，经过了多次研讨与调研，征集了 80 余家行业机构的宝贵建议，涵盖医院、设计院、高校及科研机构等。

本书共分上、下两篇。上篇立足现在展望未来，通过系统梳理我国绿色医院建筑建设体系，揭示未来绿色医院建设发展。同时，对绿色医院建筑申报及评价流程、政策导向、建设技术等方面进行了详细阐述；下篇以绿色医院建筑建设实例为主，共筛选了9个近年来我国绿色医院建设优秀案例，通过科学、深入的分析与解读，为未来绿色医院建筑建设提供参考。理论与实践相结合的编撰方式，使本书内容更易理解，更加便于在绿色医院建筑建设实际工作中应用。

本书即将付梓出版，在此非常感谢参与图书编撰与审稿的各位行业专家，绿色医院建设是“海润”与每一位医院建设者的责任，希望本书能够在未来的绿色医院建设中为大家提供帮助和启发。虽经反复研讨、论证与修改，然而由于时间紧张，难免有疏漏之处，敬请读者给予批评和指正。

郭金成

重庆海润节能技术股份有限公司董事长

2019年3月

目录

CONTENTS

下篇　绿色医院建设案例深度解读

上篇
绿色医院建设理论研究

绿色医院是重视可持续发展的医院，是资源高效利用的医院，是环境优美的医院。医疗建筑是医院发展的基础，绿色医院建筑是建立环境友好型医院的重要组成部分，需要从业者掌握其创建环节与标准化申报流程。

基于以上认识，本章主要讨论绿色医院的基本概念与范畴；回顾绿色医院建设在我国的发展历程；分析绿色医院建设发展的行业现状及面临问题，站在我国医院现实国情的角度解读《绿色医院建筑评价标准》（GB/T 51153—2015）的要求等。

第一章　绪论

辛衍涛　童学江　许蜀榕

第一节　绿色医院概述

一、绿色医院的概念

广义的绿色医院包括绿色医疗、绿色建筑、绿色管理，是指以高新技术和人文关怀为基础，以打造绿色医疗环境、优化绿色服务模式、拓展绿色管理机制为主要内容，以实现医院环境“零污染”、医患关系“零距离”、医疗保障“零障碍”为奋斗目标的现代医院建设和发展模式。

狭义的绿色医院仅为绿色医院建筑，是指在医院建筑的全寿命周期内以及保证医疗流程的前提下，能实现最大限度地节约资源（节地、节能、节水、节材），保护环境和减少污染，为病人和医护工作者提供健康、适用和高效的使用空间，与自然和谐共生的医院。

绿色医院的概念顺应当代社会绿色、环保、可持续发展的潮流，其内涵和外延也随着绿色医院建设实践的发展不断地被总结、归纳、丰富和完善。虽然人们对绿色医院的认识有所不同，但综合国内外绿色医院建设的实践，其基本要素主要包括以下几个方面。

第一，绿色医院是重视可持续发展的医院。“可持续”是指在不过分消耗自然资源或者造成严重生态危害的情况下保持存在的一种状态。可持续不仅是财政的可持续，还包括社会和环境的可持续，注意保持财政、社会、环境因素之间的平衡。可持续的医院应当是能够在一定的财政、社会和环境资源的范围内持续运行的医院，它所提供的高质量医疗服务不以自然资源过度消耗或严重的生态危害为代价。

第二，绿色医院是安全的医院。医院安全涉及许多方面，从绿色医院的角度来看，重点关注医疗安全和灾害中的医院安全。一方面，不规范的医疗行为会危及患者生命和健康，还会造成巨大的疾病负担，消耗大量的医疗资源。另一方面，随着近年来各种灾害导致的大规模伤害事件不断增加，需要医院在保证自身安全的同时承担医疗救治任务。灾害中的医院安全不仅关系到患者和医务工作者的健康和生命，还关系到医院能否发挥医疗救治功能，做出及时有效的应对。

第三，绿色医院是对环境无害的医院。首先是对患者无害，并延伸至医务工作者和来访者。其次是对区域环境无害，将医院对周边区域的影响降低到最低限度。从绿色医院的角度来看，需重点关注医疗废物的减量，医疗废物处置对环境的污染、对健康的危害，以及应关注院区建筑内声、光、热及空气环境是无害的；加强对有毒物质和化学品的管理；重视药品污染问题。

第四，绿色医院是资源高效利用的医院。医院应当采取先进的管理手段和技术手段不断降低能源消耗、水资源消耗、生活物资消耗和设施设备维修保养的消耗，提倡使用清洁能源、可再生能源；注意资源回收和循环利用。在新建和改扩建过程中，要遵循"四节一环保"的理念，即节能、节地、节水、节材，保护室内外环境、减少污染。

第五，绿色医院是环境优美的医院。医院一直重视院内环境的建设，但不同发展阶段重视的内容不同。本文所说的环境主要指医院所在地的生态环境和医院建筑的室内外环境。目前，绿色医院建筑应关注减少环境危害，降低资源消耗；未来还要促进生态环境的恢复，使医院建筑本身具有康复功能。

第六，绿色医院是实施全寿命周期管理的医院。一家医院的寿命周期分为规划设计、施工建造、运行维护、拆除处置 4 个阶段。医院管理者应当根据医院全寿命周期不同阶段的不同特点，结合自身实际采取措施，将绿色医院的理念贯彻始终。

第七，绿色医院需准确把握其内涵和外延。在建设绿色医院时需要注意以下可能出现的问题。

一是忽视运行管理。绿色医院不仅包括医院建筑和设施设备安全高效、节能环保，还包括运行管理方式方法的科学、规范、精细。医院建设的规划、设计、施工是绿色医院的基础，日常的运行管理是绿色医院的保障。

二是将绿色医院建设单纯地理解为绿化、美化和环境的整洁，单纯地理解为环保、节约开支，没有认识到绿色医院建设与医疗质量、医疗安全的关系，与改善医院经营管理、提高医院竞争力的关系，与医院可持续发展的关系。

三是不能准确把握室内环境品质与节能减排的关系，少用甚至不限制用能，以牺牲室内环境品质为代价不是绿色医院所提倡的节能减排。医院对环境的热舒适度、声学舒适度、视觉舒适度等都有基本要求。这些指标对提高医护人员工作效率、患者康复和患者满意度具有积极作用。

四是片面地认为绿色医院建设需要的高科技可能增加医院运行成本。绿色医院的概念源于可持续发展思想，因地制宜是这一思想的核心理念之一。

五是不注意对采购的管理，没有从源头上进行控制。

从目前国内外绿色医院建设开展情况来看，提升绿色医院建设水平的关键措施可以归纳为十个方面。

（1）组织领导：医院领导、管理者是绿色医院建设的关键组成，在整个建设项目中发挥着引领作用、组织保障推动作用。加强对绿色医院建设的领导，在医院组织文化的培育，动员医务工作者和社区的广泛参与，乃至促进环境卫生政策的改变都起着明显的促进作用。

（2）化学品：采用安全的化学品、化学材料、化学制品以及化学方法，替代有害的化学物质，保证患者及家属、医务人员、社区居民的健康和安全。

（3）废物：降低医疗废物的总量，特别是有毒、有害医疗废物的数量；在医疗废物转运和处置过程中最大限度地保护环境。

（4）能源：减少煤、石油、天然气等燃料的使用，提高能源利用效率，提倡可再生能源的利用。

（5）水：提高供水系统的效率，防止浪费；通过循环利用和水处理技术降低医院用水总量，减少污水对环境的污染。

（6）交通：减少医疗服务过程中的车辆使用，降低对环境的污染。

（7）食品：采购、供应天然、健康的本地食品，减少食品供应过程中垃圾的产生。

（8）药品：合理使用药品，保证报废药品处置过程中的安全，减少对环境的污染。

（9）建筑：在医院设计、建设、改造的过程中遵循绿色医院建筑的基本原则，为患者及家属、医务人员、来访者提供一个健康的医院环境。

（10）采购：采购安全、环保的产品和材料，引导供应商开发、提供绿色产品，回收、处置报废的医疗设备。

中国医院协会医院建筑系统研究分会在编制《绿色医院评价标准》的过程中，经过反复研讨达成了初步共识，将绿色医院建设归纳为绿色建筑、绿色医疗、高效运行三个方面。其中，绿色建筑是基础，绿色医疗是根本，高效运行是保障。三个方面相互联系、相互影响、缺一不可。

二、绿色医院发展历程

关于绿色医院的提法，最早可追溯到20世纪90年代。绿色医院理念的出现，契合当时绿色、可持续发展的思想，并逐步成为国际社会的共识。人们越来越清楚地认识到，发展是人类社会永恒的主题，而人类的发展直接受环境的影响。环境是人类赖以生存和活动的场所，是人类生存与可持续发展的物质基础，保护自然环境已成为人类需要面对的一个刻不容缓的主题。在此背景下，医疗卫生行业的有识之士也提出，医院作为社会组织机构的重要组成部分，肩负着救死扶伤、保护公众健康的特殊使命，不但应当承担一般社会组织所承担的环境保护责任，还应在绿色、可持续发展方面走在社会前列。早在20世纪90年代末，国内已有学者提出医疗绿色化构想，并进行了理论和实践方面的探讨。

进入21世纪，绿色医院的理念在全球逐步普及，并且成为医院建设发展的潮流。这一潮流的形成主要基于医疗卫生行业需要解决的两大基本问题。

一是气候变化、化学污染、资源滥用所造成的环境与能耗问题，使社会的疾病负担不断增加，医院面临巨大压力，自身能力被不断削弱。

联合国开展的千年生态系统评估表明：20世纪是人类历史上生态系统变化

最快且强度最大的时期。主要原因是人类生活质量的提高导致了对食品、淡水、木材、纤维、燃料的需求急剧增加。世界卫生组织的相关报告也指出，环境因素导致的死亡人数大约占全球死亡人数的四分之一。在儿童当中，因环境因素导致的死亡占总死亡人数的 36%。英国《柳叶刀》2009 年也指出，气候变化是人类在 21 世纪面临的最大健康威胁。近年来，各种灾害导致的大规模伤害事件不断增加，需要医院在保证自身安全的同时承担医疗救治任务，对医院的建设和管理提出了新的挑战。从总体上来看，医疗服务的供给不能满足需求，尤其是在农村和边远地区，需要进一步发展和建设。

二是医院在服务过程中消耗的资源、产品所产生的废弃物都对环境品质有一定的影响。医院的交叉感染问题也需要我们重视。

英国医院每年的二氧化碳排放量高达 2100 万 t。英国全民医疗保险 NHS 所属的机构每年二氧化碳排放量约为 1800 万 t，占公共行业总排放量的 25%。仅处理报废药物一项，每年约产生 22000t 二氧化碳。美国医学协会的报告称，美国医疗行业的温室气体排放约占美国排放总量的 8%。据统计，医疗建筑的能源消耗在商业服务业当中排名第二；平均每年耗资 85 亿美元用于患者对各类能源的需要；如果按照单位面积计算，医院建筑的能耗相当于传统办公建筑的 2 倍。美国医疗卫生行业是化学品最大消耗者，其中许多化学品都是致癌物质。在我国，虽然目前还没有关于医疗行业二氧化碳排放量的准确数据，但随着国家对医疗卫生行业的建设投资逐年增加，医院建设总体规模不断扩大，也需要我们提高警惕。

为应对以上挑战，国内外许多医院在减少自身对环境卫生的不良影响方面进行了有效尝试。

从国际来看，泰国健康促进部开展了“绿色清洁医院规划”，制定了一系列评价标准，关注的问题包括能源消耗、化学品使用、食品供应、废物处理等方面。印度尼西亚环境部将医院纳入“环境绩效评估系统”，要求医院不断改善环境质量。英国国民健康保险制定了“路线图”，要求所属医院按照相应路径开展绿色医院建设。欧盟的“医院健康促进网络”在世界卫生组织的支持下开发了医院可持续发展评价标准。2003年，美国制定了世界上第一个针对医疗建筑的绿色设计与评价标准《绿色医疗卫生指南》。美国的“非政府组织绿色健康行动”吸引了上千家医院参与，采取的一系列措施降低了医疗服务过程中的污染排放。世界卫生组织开展了以“绿色经济中的卫生”为主题的活动，重点是减少医疗卫生行业的排放对气候的影响。一些涉足医疗卫生领域的跨国公司和集团也在建设和运行绿色医院方面进行着积极的探索。

在国内，如浙江、太原、西安、深圳、宁波、杭州、大连等省市，在卫生行政部门和医疗行业协会的组织下，相继开展了绿色医院的创建和评价工作，为绿色医院在国内的普及推广打下了良好的基础。

2006年，我国颁布了《绿色建筑评价标准》（GB 50378—2006），建立了一整套完善的评价和管理办法。在党和政府以及主管部门的大力倡导下，绿色建筑日益普及，对绿色医院的建设起到了积极的推广作用。

2009年，中国医院协会医院建筑系统研究分会先后在北京、深圳、番禺、太原等地区进行了绿色医院建设的研讨。之后，成立了绿色医院工作领导小组，组织国内外专家进行绿色医院建设标准的研讨，并在此基础上组成了编委会，开始编制绿色医院建筑、绿色医疗管理、绿色运行管理的评价标准。

2010年，住房和城乡建设部科技发展促进中心与卫生部医院管理研究所共同主持开展了《绿色医院建筑评价技术细则》的编制工作，并于2011年完成。同期，中国医院协会医院建筑系统研究分会组织编制的《绿色医院建筑评价标准》也作为行业标准正式颁布施行。

2012年，根据住房和城乡建设部的要求，由原卫生和计划生育委员会负责管理，中国建筑科学研究院、住房和城乡建设部科技发展促进中心作为主编单位，开始组织国内相关专家编制《绿色医院建筑评价标准》。该标准于2015年12月3日发布，2016年8月1日起实施，与其配套的《〈绿色医院建筑评价标准〉实施指南》也于2016年6月出版发行。

进入21世纪，绿色医院建设正在逐步成为国内外医院发展建设的新潮流。越来越多的医院管理者意识到，绿色医院建设应当成为今后一段时间内医院可持续发展的一项重要战略举措。

三、绿色医院和绿色医院建筑的区别与联系

绿色医院应以绿色建筑为载体，在建筑物全生命周期过程中，最大限度地节约资源、合理规划、精心设计、确保功能、遵守流程、保护环境并减少污染。为人们提供安全、健康、适用和高效的使用空间，使其成为与自然和谐共生的建筑；同时强化医疗效率，并通过能效管理实现“管理节能”和“绿色用能”。

绿色医院建筑是指在医院建筑全寿命期内以及保证医疗流程的前提下，最大限度地节约资源、保护环境和减少污染，为病人和医护工作人员提供健康、实用和高效的使用空间，与自然和谐共生的医院建筑。

首先，绿色医院建筑属于绿色建筑体系，要满足绿色建筑的要求。

其次，绿色医院建筑有其特殊要求。绿色医院不仅包括环境优雅、安全可靠、无害化的绿色环境，还包括绿色发展战略、绿色医疗与诊治服务、绿色人文理念、绿色管理等方面的内容。

不难看出，绿色医院建筑是在保障医疗护理与感染控制前提下的绿色建筑，是将可持续发展理念引入医院建筑领域的结果。绿色医院就是绿色建筑、医疗效率和能效管理的统一体。

因此，不能将绿色医院建筑评价与绿色医院评价混为一谈。绿色医院评价应是一个庞大的体系，包括医院设施、诊疗过程、日常运作、医院信息管理等一系列内容，而绿色医院建筑可以说是绿色医院基础设施。

第二节　绿色医院建设发展现状及存在问题

从国际及国内绿色医院发展形势来看，绿色医院是当今及未来医院发展的重

要方向。当前，我国处于绿色医院建设发展初期，需要在理念与意识、行动与量化等角度进行实质性的转变。

一、绿色医院已经从定性的理念转变为具有充分依据、可以量化的标准

国际上具有权威性的评级、认证机构相继推出了针对医疗卫生机构的标准，如 BREEAM Healthcare，LEED Healthcare，Green Star Healthcare 等。我国也于 2016 年开始实施《绿色医院建筑评价标准》（GB/T 51153—2015）。这些转变标志着绿色医院建设不能只停留在认识提高、理念转变的层面，还要不断向实践层面深入推进。在医院规划、设计、建造和运行管理的各个阶段，对照国内外的标准打造具有中国特色的绿色医院。如果不关注这一转变，随着国家相关政策、法律法规、标准、规范的调整，甚至于一些强制标准的出台，我们可能会处于被动的地位。

二、医院“被动运行能力”越来越得到关注

“被动运行能力”的概念源于绿色建筑采用的被动设计理念，是指一座建筑在市政服务，如电力、热力或水源供应中断时，能够维持基本运行的能力。被动运行能力对医院来说不仅是为了节能减排，还包括在自然灾害、突发事件发生时能够维持基本运行，发挥救治功能。被动运行能力设计的策略包括：充分运用自然光照、通风；紧凑的平面布置；减少对机械和电力设备的依赖；提高围护结构的热工性能等。医院管理者可以按照设计师的建议，根据医院、患者、员工和来访者的需求以及不同医疗专业的特殊需求进行选择、论证、决策；注意纠正过分追求高技术、过分依赖机械设备、不切合自身实际等倾向。

三、医院建筑“无害化”运行越来越得到重视

医院建筑运行的无害化包括两个层面：一是减少直接危害，即对患者、医务

工作者、来访者以及周边社区居民的健康危害，主要涉及内部环境；二是减少间接危害，即资源过度利用、环境污染、生态环境破坏、气候变化等因素对人类健康造成的危害，关注的是外部环境与内部环境的关系，强调社会责任。对医院管理者来说，医院建筑运行的无害化不能只停留在满足法律法规要求的水平，不能只算经济账，还要从大环境、大健康的高度来提高认识，增强行动的自觉性。

四、医院建筑选材时强调“预警原则”

预警原则是指即便缺少足够的科学依据，也应鼓励人们采取预防性措施。美国帕金斯威尔建筑设计事务所根据这一原则创立了一个“预警清单”，将国际权威监管机构认定的、对人类健康有害的建筑材料列入清单，提醒客户注意，并列出可替代材料，供客户选择。清单当中的有毒、有害建筑材料包括塑化剂、氯化聚合物、卤系阻燃剂、石油化工产品、含有挥发性物质的材料、含有重金属的材料、消耗臭氧层的气体、木材的添加剂和处理剂 8 类，共 25 种，几乎涵盖了所有建筑材料。这些材料的已知危害和可疑危害包括致癌、发育毒性、生殖毒性、心血管或血液毒性、内分泌毒性、胃肠道或肝脏毒性、免疫毒性、神经毒性、生殖毒性、呼吸系统毒性以及皮肤或感觉器官毒性。虽然医院无法控制建筑材料的生产销售，也可能在选择过程中缺乏技术支持，但院方、医务人员有必要提高无害、预警意识。通过披露企业信息和必要的咨询，根据专业要求、患者特点选择建筑材料，尽量减少潜在危害。

五、选用新技术推进绿色医院建设

目前，医院建设的相关方对采用新技术推进绿色医院建设都有较高积极性。许多医院管理者思想开放、勇于实践，积累了丰富的经验。同时，医院管理者应当注意仔细甄别、科学论证，选择效果确定、成本效果好、符合医院自身特点的新技术、新产品和新方法，加强运行管理，开展绩效考核，力求取得实效。

六、医院建筑的智能化逐渐形成趋势

近年来，以物联网、云计算、移动互联和大数据为核心的新技术主要从信息形态、空间范围、管理功能、操作应用四个方面为绿色医院建设提供了技术支撑，同时也对医院建筑的运行管理提出了新的要求。为适应这一趋势，医院建筑设施设备的运行维护模式也需从传统的被动维护向预防性维护、综合性维护转变。信息技术的发展、运行管理模式的优化为绿色医院建设提供了无限可能，医院管理者应当与 IT 企业和智能化系统制造商进行深入沟通，提出符合医疗安全、质量、管理等具有行业特点的技术需求。同时，要提高自身的管理能力和管理水平，为智能化技术在医院的应用打好基础。

七、健康医院的理念需要关注和研究

绿色建筑的理念推动着建筑业的转型，其核心是减少建筑对自然环境的影响，合理利用资源，应对气候变化，改善人类赖以生存的自然环境。在绿色建筑不断发展的同时，人们也意识到，未来建筑不仅要关注环境，更要关注居住在建筑中的人，特别是人的身心健康。身心健康为生理、心理、社会和精神四个层面的需求得到满足的健康概念。显然，以节约资源为核心的绿色建筑还不足以完全适应这种需求，应当在理念上进一步深化、创新。在这一背景下，“健康建筑”的理念应运而生，其强调将人的身心健康放在建筑规划、设计、技术应用、运行管理的首位，采取有效策略，倡导健康、积极的生活方式，减少有害物质的暴露，改善人的营养、身体、情绪、睡眠、舒适度和活力，将生活、工作的环境打造成积极促进人类身心健康的良好空间。

第一个健康建筑评价标准 WELL Building Standard（WELL） v1.0 于 2014 年 10 月正式发布。这一标准由 Delos 公司发起，International WELL Building Institute（IWBI）负责起草和实施。北京时间 2018 年 5 月 31 日该标准的 v2.0 版在北京、纽约、伦敦和悉尼同时发布。WELL 注意到了与《绿色建筑评价标准》

的相互协调，希望从不同的维度共同致力于环境的可持续性发展。WELL 还没有针对医院建筑的评价标准，但已经计划在医院选择试点开展相关研究。

在我国，国家住房和城乡建设部于 2017 年 12 月发布了《健康建筑评价标准（征求意见稿）》向社会公开征求意见，标志着我国将吸收国际先进理念，全面实施健康中国战略，按照将健康融入所有政策的要求，在建筑领域积极推进健康建筑的普及。对于这一新的发展趋势，医院管理者应当加以关注并且积极开展研究，充分理解绿色医院建筑与健康医院建筑之间相辅相成的关系，应以一种科学合理的态度把握绿色与健康的平衡，最终目的是提升医院建筑的品质，更好地为人民健康服务。

第三节 绿色医院建筑创建关键环节与申报评价流程

在《绿色建筑评价标准》（GB/T 50378—2006）颁布后的 1 年多时间里，并没有项目进行申报，也没有负责执行该标准的支撑单位。为贯彻执行资源节约和环境保护的国家发展战略，引导绿色建筑健康发展，住房和城乡建设部自 2008 年 4 月委托住房和城乡建设部科技发展促进中心成立了绿色建筑评价标识管理办公室（以下简称中心绿标办），负责具体工作，才使得绿色建筑申报及评价工作顺利开展。

在国家《绿色医院建筑评价标准》（GB/T 51153—2015）颁布前，没有具体针对医院建筑项目的国标。从 2006 年《绿色建筑评价标准》颁布之日起，长达 10 年时间中，医院建筑均按照该标准中的“公共建筑”部分来进行申报及评价。

绿色医院建筑的申报和评价，分别指项目在获得绿色医院建筑评价标识过程中的两个所属不同主体的行为。绿色医院建筑项目的申报，由建设单位作为主体，向国家或地方主管部门提出获得星级标识的期望。绿色医院建筑的评价，是由国家或地方委托的绿色建筑评价标准管理机构，组织专家对项目提出的星级标识期望进行确认的过程。下面分别从以上两方面，对绿色医院建筑项目进行介绍。

一、绿色医院申报及评价的发展

绿色医院的申报及评价发展，到目前为止可分为两个阶段，2017 年是一个时间转折点。绿色建筑的管理归属住房和城乡建设部建筑节能与科技司。

（一）第一阶段（2008—2016 年）

1. 中央—地方联动机制

绿色建筑申报工作刚开始时，三星级绿色建筑评价由住房和城乡建设部建筑节能与科技司负责，委托科技发展促进中心绿色建筑评价标识管理办公室、城市科学研究会绿色建筑研究中心进行评价。

一星级、二星级绿色建筑行政主管部门则为地方住房和城乡建设部门，并委托当地权威机构进行评价，住房和城乡建设部建筑节能与科技司进行监管。

2. 申报过程

绿色建筑申报主要包括申报单位收集整理申报所需材料、对项目进行自评、申报单位提出申请、缴纳申请或注册或评审费用、申报单位在线填写申报系统或线下提交申报材料。

3. 申报标准

建设单位依据《绿色建筑评价标准》（GB/T 50378—2006）、《绿色建筑评价技术细则（试行）》，参考《绿色建筑评价技术指南》，确认绿色建筑等级并向对应机构提出申报。

《绿色建筑评价标准》（GB/T 50378—2006），由中国建筑科学研究院、上海市建筑科学研究院共同编制。标准中分住宅建筑、公共建筑两大板块，两大板块分别对应不同条文并提出了绿色建筑的定义、适用范围、指标体系。

标准明确了适用于新建、扩建和改建的住宅建筑及公共建筑，而公共建筑适用于办公、商场、旅馆。明确根据达标条文数量的不同，可将绿色建筑分为一星、二星、三星三个等级。按照绿色建筑的要求，住宅建筑、公共建筑均分为节地与室外环境、节能与能源利用、节水与水资源利用、节材与材料资源利用、室内环境质量、运营管理 6 类指标组成。每类指标包括控制项、一般项与优选项。次标准中定性条款的评价结论为通过或不通过；对有多项要求的条款，各项要求均满足要求时方能评为通过（表 1—1、表 1—2）。

表 1-1 《绿色建筑评价标准》（GB/T 50378—2006）住宅建筑评价分级要求

等级	一般项数（共 40 项）						优选项数（共 9 项）
	节地与室外环境（共 6 项）	节能与能源利用（共 6 项）	节水与水资源利用（共 6 项）	节材与材料资源利用（共 7 项）	室内环境质量（共 6 项）	运营管理（共 7 项）	
一星	4	2	3	3	2	4	—
二星	5	3	4	4	3	5	3
三星	6	4	5	5	4	6	5

表 1-2 《绿色建筑评价标准》（GB/T 50378—2006）公共建筑评价分级要求

等级	一般项数（共 43 项）						优选项数（共 14 项）
	节地与室外环境（共 6 项）	节能与能源利用（共 10 项）	节水与水资源利用（共 6 项）	节材与材料资源利用（共 8 项）	室内环境质量（共 6 项）	运营管理（共 7 项）	
一星	3	4	3	5	3	4	—
二星	4	6	4	6	4	5	6
三星	5	8	5	7	5	6	10

（二）第二阶段（2017 年至今）

1. 变革

2017 年 12 月 4 日，住房城乡建设部发布《关于进一步规范绿色建筑评价管理工作的通知》（以下简称《通知》）。《通知》中明确了新的绿色建筑评价管理工作，其中几条尤为重要。

“一、建立绿色建筑评价标识属地管理制度。绿色建筑评价标识实行属地管理，各省、自治区、直辖市及计划单列市、新疆生产建设兵团住房城乡建设主管部门负责本行政区域内一星、二星、三星级绿色建筑评价标识工作的组织实施和监督管理。”

“二、推行第三方评价。由具有评价能力和独立法人资格的第三方机构（以下简称评价机构）依据国家和地方发布的绿色建筑评价标准实施评价，出具技术评价报告，确定绿色建筑性能等级。各省级住房城乡建设主管部门要结合实际，参照《绿色建筑评价机构能力条件指引》，制定公布本地区评价机构能力条件，供绿色建筑评价标识申请单位参考。”

“三、规范评价标识管理方式。各地要依法依规组织开展绿色建筑评价标识管理，结合实际确定评价方式。由住房和城乡建设主管部门组织开展绿色建筑评价标识工作的，采取政府购买服务等方式委托评价机构对绿色建筑性能等级进行评价，不得向绿色建筑评价标识申请单位收取或转嫁任何费用；由绿色建筑评价标识申请单位自主选择评价机构进行绿色建筑评价的，须遵守市场规则，通过合同约定具体评价内容、要求及费用等事项。”

《通知》的发布将绿色建筑申报及评价由政府行为推向市场。由各地方住房和城乡建设主管部门负责所有星级的评价，三星级评审不再由中央直管；推行第三方评价机构，不再由主管部门指定及任命；不再强制收取或转嫁评审费用。

2.《绿色建筑评价标准》（GB/T 50378—2014）颁布实施

标准带来的变化也带来了申报流程的变革，主要体现在《绿色建筑评价标准》的修订上。

《绿色建筑评价标准》于 2013 年开始进行修订，新标准于 2015 年施行，且新旧标准申报还具有半年过渡期。新标准主编单位未变，但修订并补充了大量的新内容。

（1）适用范围：扩展至各类民用建筑；

（2）指标体系：7 类，增加“施工管理”；

（3）评价方法：除控制项仍需全达标外，评分项满足每类 100 分最低 40 分，依总得分定三星等级，分别为 50、60、80 分，对应一星、二星、三星级；

（4）设加分项：鼓励技术和管理的提升与创新；

（5）条文指标：由是否类条文，改变为赋分类条文，根据条文的轻重，以及项目满足的量来得分；

（6）住宅、公建不再分开：住宅建筑与公共建筑不再分章节阐述，二者具有共同性质的部分由共同条文体现，不同性质部分，在某一条文中进行明确。

《绿色建筑评价标准》（GB/T 50378—2014）作为模板标准，在其基础上衍生出针对特殊功能建筑的对应标准，我国的绿色建筑标准体系得以完善为分对象全类型评价。专门针对医院建筑的《绿色医院建筑评价标准》（GB/T 51153—2015）也于 2016 年 8 月 1 日开始实施（表 1—3）。

表 1-3 2014 年《绿色建筑评价标准》颁布后相继出台的其他绿色建筑标准

标准名称	标准编号
建筑工程绿色施工规范	GB/T 50905—2014
绿色铁路客站评价标准	TB/T10429—2014
绿色商店建筑评价标准	GB/T 51100—2015
既有建筑绿色改造评价标准	GB/T 51141—2015
绿色医院建筑评价标准	GB/T 51153—2015
绿色建筑评价标准应用技术图示	15J904
绿色饭店建筑评价标准	GB/T 51165—2016
绿色博览建筑评价标准	GB/T 51148—2016
绿色生态城区评价标准	GB/T 51255—2017

全国各省、市、自治区针对当地的气候特征及发展情况，颁布了对应的地方绿色建筑评价标准，更响应国家号召，分地区全覆盖申报。重庆、江西等省、市还相继出台了对应的地方绿色医院建筑评价标准，如《重庆市绿色医院建筑评价标准》（DBJ50/T-231-2015）、《江西省绿色医院建筑评价标准》（DBJ/T 36-027-2015）等。

二、《绿色建筑评价标准》与《绿色医院建筑评价标准》的区别

绿色医院的评价目前尚未从绿色建筑评价中脱离，均由各地绿色建筑评审机构组织实施；已颁布了当地绿色医院建筑评价标准的地方，按照当地绿色医院建筑评价标准进行评价；尚未颁布地方绿色医院建筑评价标准的地方，按照国标《绿色医院建筑评价标准》进行评价。

绿色建筑的评价，在建设单位向地方绿色建筑评审机构申报后进行。评审机构则开展形式审查、专业评价、专家评审、网上公示、发放标识5个步骤。

本文着重讨论国标《绿色医院建筑评价标准》，地方标准是基于本标准及地方绿色建筑评价标准进行编制。

首先，《绿色医院建筑评价标准》取消了“施工管理”章节。该标准在编制过程中，征询了大量医院院长的意见。在我国绿色建筑飞速发展的情况下，绿色医院的数量明显不足。来自住房和城乡建设部建筑节能与绿色建筑综合信息管理平台统计，截至2016年9月底，全国4515个绿色建筑项目中，医院项目只有92个，仅占全国绿色建筑总数量的2%。鉴于医院建筑功能特殊，影响施工管理因素错综复杂，为推动绿色医院建筑大力发展，标准得以实施，医院院长纷纷提出是否可先将“施工管理”章节去除，降低评价难度。

其次，《绿色医院建筑评价标准》中权重值区别于《绿色建筑评价标准》，如表1—4、1—5所示。

表1-4 《绿色医院建筑评价标准》（GB/T 51153—2015）各类评价指标权重

分项指标权重 / 评价阶段	场地优化与土地合理利用	节能与能源利用	节水与水资源利用	节材与材料资源利用	室内环境质量	运行管理
设计阶段	0.15	0.3	0.15	0.15	0.25	—
运行阶段	0.1	0.25	0.15	0.1	0.2	0.2

表 1-5 《绿色建筑评价标准》(GB/T 50378—2014)各类评价指标权重

分项指标 权重 / 评价阶段	场地优化与土地合理利用	节能与能源利用	节水与水资源利用	节材与材料资源利用	室内环境质量	施工管理	运行管理
设计阶段	0.16	0.28	0.18	0.19	0.19	—	—
运行阶段	0.13	0.23	0.14	0.15	0.15	0.1	0.1

从上表可以看出，医院标准提高了节能、室内环境章节权重，此两章节涉及了医院管理者最为关心的能耗及室内环境问题。

最后，《绿色医院建筑评价标准》从章节中有别于《绿色建筑评价标准》，具体体现在以下几个方面。

（1）节地章节变更为场地优化及土地合理利用

①医院建筑不只是一味节地，而是要考虑到医疗环境的舒适性，合理利用土地；

②围护结构未采用玻璃幕墙得 2 分，无其他措施可得分，响应国家“禁止医院、养老、幼儿园建筑二层及以上采用玻璃幕墙”的通知[1]；

③提出了院区内、到达院区等一系列便民措施。

（2）节能

①去掉多项具体实施技术条款，代之以综合节能作为得分导向；

②考虑到医院建筑的原有强制性要求，取消部分控制项。

（3）节水

强调用水规划，考虑医院的特殊性。

（4）室内环境

①考虑到医院患者及医护工作者需要较优良的声环境，提高声环境的评价标准，满足高标准要求才得分；

[1] 住房城乡建设部、国家安全监管总局《关于进一步加强玻璃幕墙安全防护工作的通知》建标［2015］38 号中明确规定“（二）新建住宅、党政机关办公楼、医院门诊急诊楼和病房楼、中小学校、托儿所、幼儿园、老年人建筑，不得在二层及以上采用玻璃幕墙”。

②提高室内空气质量的要求，对新风、空调系统的过滤等提出了更高、更详细的要求；

③增加室内人性化设计要求，包括休憩空间、室内色彩、标识系统、医疗流程优化等。

三、绿色医院建筑申报及评价流程

医院建筑在符合国家基本建设程序和管理规定、相关政策以及技术标准规范，未发生重大质量安全事故，无拖欠工资和工程款的前提下，才可申报绿色医院建筑。绿色医院建筑的评价应以单栋建筑或建筑群为评价对象。评价单栋建筑时，凡涉及系统性、整体性的指标，应基于该栋建筑所属工程项目的总体进行评价。

（一）申报及评价全流程

评价分为设计评价和运行评价。设计评价应在建筑工程施工图设计文件审查通过后进行，运行评价应在建筑通过竣工验收并投入使用一年后进行。部分地区绿色建筑的评价分为设计评价、竣工评价和运行评价。每阶段评价完成后均由地方行政主管部门颁发对应标识。设计阶段公示完成后，可获得“绿色建筑设计评价标识”（有效期 1 年），在医院建筑通过竣工验收并投入使用一年后可进行运行阶段评价。运行阶段公示完成后，可获得“绿色建筑评价标识”（有效期 3 年），3 年后需对获得“绿色建筑评价标识”的建筑进行再评价。

1. 绿色医院建筑申报及评审流程

绿色医院建筑申报及评审流程见图 1—1。

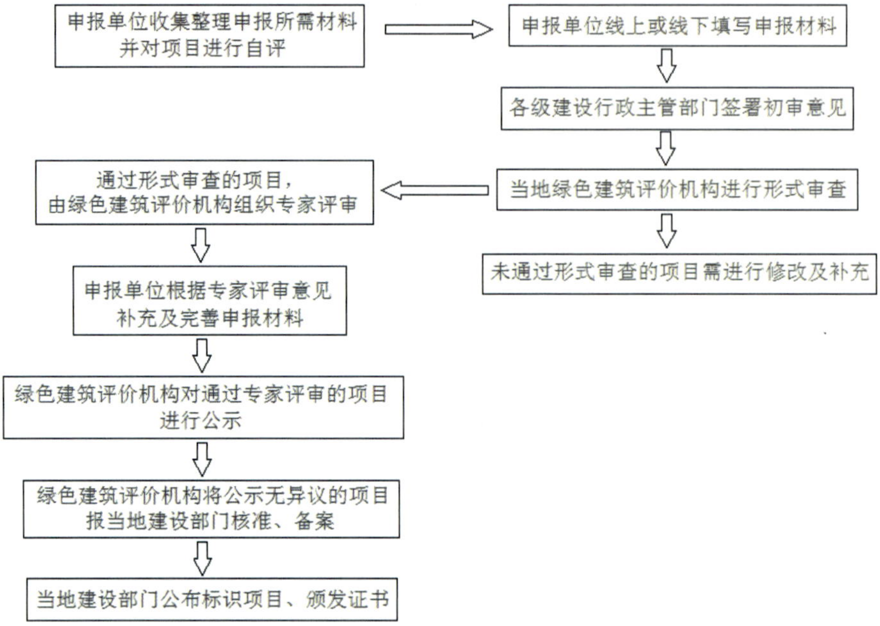

图 1-1　绿色医院建筑申报及评审流程

2. 绿色医院建筑申报所需资料

（1）规划设计阶段：《绿色医院建筑设计标识申报声明》《绿色医院建筑设计标识申报书》《绿色医院建筑设计标识自评估报告》、绿色医院建筑设计标识证明材料等。

①基本材料

项目审批文件：土地使用证、立项批复文件、规划许可证、施工许可证。

建设单位文件：建设单位简介，建设单位法人证书，开发资质证明，银行出具的固定资产、年产值、负债证明材料。

设计单位文件：设计单位简介、设计单位资质证书、设计实例介绍。

其他补充材料等。

②必交材料

规划设计：规划图纸、环评报告书（表）、日照分析报告、场址检测报告或项目立项书。

建筑设计：场地地形图、建筑专业施工图纸、设计说明、建筑效果图、项目所在地交通地图。

景观设计：种植施工图、苗木表。

暖通设计：建筑围护结构的热工设计施工图纸和相关设计计算书、暖通施工图纸、设计说明、节能计算书、幕墙设计施工文件。

给排水设计：水系统规划方案及说明、非传统水源利用方案、给排水施工图、设计说明（包含设置防止管网漏损措施的设计说明）、景观水体设计说明、给排水管网防漏损相关产品、节水器具产品说明。

结构建材：结构施工图、建筑工程造价预算表及装饰性构件造价比例计算书。

电气设计：分项计量图纸、照明施工图纸及设计说明、景观照明设计施工文件。

其他材料：室内背景噪声计算文件。

③自选材料

规划设计：废弃场地利用资料、旧建筑评价分析资料。

建筑设计：建筑施工图纸、文件。

景观设计：景观设计施工图纸和说明、场地铺装图、屋顶绿化设计施工图纸、垂直绿化设计。

暖通设计：暖通设计施工图纸、文件、室外风环境模拟分析报告、自然通风模拟分析报告、可再生能源（风能、太阳能、水能、生物质能、地热能、海洋能等）设计文件。

给排水设计：给排水施工图、设计说明、雨水系统方案及技术经济分析、非传统水源利用率计算说明书。

结构建材：土建与装修一体化设计施工证明材料或避免重复装修的证明材料，高性能混凝土、高强度钢使用情况资料，结构体系设计资料，现浇混凝土全部采用预拌混凝土的相关证明，材料用量比例计算书。

电气设计：电气施工图纸及设计说明、室内空气质量监控系统设计文件。

其他材料：场地环境噪声分析计算报告、建筑构件隔声性能分析计算报告、采光分析计算报告。

（2）运行管理阶段：《绿色医院建筑评价标识申报声明》《绿色医院建筑评价标识申报书》《绿色医院建筑评价标识自评估报告》、绿色医院建筑评价标识证明材料等。

①基本材料

项目审批文件：土地使用证、立项批复文件、规划许可证、施工许可证。

建设单位文件：建设单位简介、建设单位法人证书、开发资质证明、银行出具的固定资产、年产值、负债证明材料。

设计单位文件：设计单位简介、设计单位资质证书、设计实例介绍。

施工单位文件：施工单位简介、施工单位资质证书。

监理单位文件：监理单位简介、监理单位资质证书。

物业单位文件：物业单位简介、物业单位资质证书。

其他补充材料等。

②必交材料

规划设计：规划图纸、环评报告书（表）、日照分析报告、场址检测报告或项目立项书。

建筑设计：场地地形图、建筑专业竣工图纸、设计说明、建筑效果图、项目所在地交通地图。

景观设计：种植竣工图、苗木表。

暖通设计：建筑围护结构的热工设计竣工图纸和相关设计计算书、暖通竣工图纸、设计说明、节能计算书、幕墙主要竣工资料、施工过程控制文件、系统运行记录及分析文件。

给排水设计：水系统规划方案及说明（含水平衡图或表）、非传统水源利用方案、实际落实情况、给排水竣工图、设计说明（包含设置防止管网漏损措施的设计说明）、非传统水源水质检验报告、景观水体竣工图及设计说明、施工过程控制文件、系统运行记录及分析文件。

结构建材：结构竣工图、建筑工程造价决算表及装饰性构件造价比例计算书、工程决算材料清单、施工过程控制文件。

电气设计：分项计量图纸、照明竣工图纸及设计说明、景观照明竣工文件。

其他材料：室内空气污染物浓度检测报告、室内背景噪声计算文件及现场检测报告、照明质量检测报告、物业管理文档、物业日常管理记录、施工管理落实文件、工程决算材料清单。

③自选材料

规划设计：废弃场地利用资料、旧建筑评价分析资料。

建筑设计：建筑竣工图纸、文件。

景观设计：景观竣工图纸和说明、场地铺装图、屋顶绿化竣工图纸、垂直绿化设计。

暖通设计：暖通设计竣工图纸和文件、室外风环境模拟分析报告及措施，或现场测试报告、自然通风模拟分析报告、可再生能源（风能、太阳能、水能、生物质能、地热能、海洋能等）设计文件、外窗产品气密性检测检验报告、施工过程控制文件、系统运行记录及分析文件。

给排水设计：给排水竣工图、设计说明、再生水利用许可文件、雨水系统方案及技术经济分析、非传统水源利用率计算说明书、施工过程控制文件、系统运行记录及分析文件。

结构建材：土建与装修一体化设计施工证明材料或避免重复装修的证明材料，工程主要材料采购合同，高性能混凝土、高强度钢使用情况资料，结构体系设计资料，以废弃物为原料生产的建筑材料的使用数量，废弃物掺量的说明，材料用量比例计算书、施工过程控制文件。

电气设计：电气竣工图纸及设计说明、室内空气质量监控系统设计文件、运行记录、施工过程控制文件、系统运行记录及分析文件。

其他材料：场地环境噪声控制文件、建筑构件隔声性能分析计算及检测报告、采光分析计算报告、施工过程控制文件、物业管理文档、物业日常管理记录、物业管理公司的资质证书。

（二）评审流程及重点关注内容

在绿色建筑评审机构组织的评审环节中，有两个重要阶段：第一个是形式审查阶段，第二个是专家评审会阶段。

1. 形式审查阶段

组织绿色建筑专家及相关专业从业人员，对申报上去的资料进行形式上的审查：包括是否有某专业资料缺项；基本材料是否完整，是否满足城乡规划要求；是否满足标准中有一票否决权的控制项要求；自评得分较高的条文中涉及的技术资料是否完整，有无计算书与图纸不对应情况；自评报告中所有得分条文，是否均有支撑文件。形式审查完成后，评审机构会出具相关的形式审查报告，明确项目需要补充或修改的材料，或项目可直接进入专家评审阶段。收到报告后，专业的咨询机构应组织设计单位或相关参建单位对资料进行修改、补充，完成后再次提交形式审查，直至通过形式审查，并被通知进入下一阶段的专家评审阶段。

2. 专家评审阶段

评审机构从地方专家库中抽取各专业专家，提前将全部申报资料及图纸等证明材料报送各专业领域专家，专家提前审阅并提出相关疑问。上会后，首先，由专业咨询机构代表业主单位，汇报项目基本情况、建设进度及主要采用的各专业绿色医院建筑技术；其次，由专家对提前审阅的材料进行质疑，并由各专业工程师对专家提出的问题逐一答辩；再次，由专家集中商议、赋分；最后，宣布专家评审会结果。专家评审会有 3 种结果：通过评审、补充资料后通过评审、未通过评审择日再次上会。

以上两部分为项目评审过程中的重点及难点，目前多数医院业主单位不具备绿色医院技术能力；而设计院苦于被压缩的设计周期，没有更多精力及时间研读标准，也缺乏各地区评审经验，未掌握各地区专家对标准的解读情况。在这种情形下，在项目申报及评审过程中，需要专业的绿色医院建筑咨询单位。要求该单位既熟练掌握标准条文要求，具备各专业技术实力，还要有充分的项目支撑，熟知各地区申报流程及专家对标准的解读情况。

第二章 绿色医院建设政策及标准解读

辛衍涛 郭金成 童学江

第一节 国内外绿色医院建筑政策解读

从20世纪后半叶起，绿色发展的思潮逐渐成为国际社会的主流，先后召开的人类环境会议、联合国环境与发展大会，唤起了各国政府对环境问题的关注，使绿色理念、可持续发展思想，由理论变成了各国的行动纲领和计划。各国政府竞相提出一系列以绿色概念为前提的相关政策（图2—1）。

图2-1 国内外绿色医院相关评价体系的发展情况

一、国外绿色医院建筑政策解读

20世纪90年代初期，世界各国的绿色建筑评价标准体系均未对医院建筑作出针对性说明，不能完全体现绿色医院的特点和要求。

1990 年，英国建筑研究院（BRE）针对办公建筑提出了《建筑研究中心环境评估法》（BREEAM 评价体系），这是国际上第一套实际应用于市场和管理中的绿色建筑评价办法。

1995 年，美国绿色建筑委员会（USGBC）发布了第一版 LEED 绿色建筑评估系统：《能源与环境设计先导》（LEED™）。该文件是首个尝试创造一个独立的、第三方认证的绿色建筑评估系统。

1998 年 10 月，由加拿大自然资源部发起的多国“绿色建筑挑战 98”（GBC98），开发了名为绿色建筑工具（GBTool）的绿色建筑评估系统。

2003 年 7 月，日本可持续建筑协会（JSBC）开发了建筑物综合环境性能评价系统（CASBEE）。

2003 年，在世界卫生组织的推动下，美国“无害医疗”（HCWH）和“最大潜能建筑研究中心”（CMPBS）在开发能源与环境设计先导评估体系（LEED）的基础上，联合编制了世界上第一个针对医疗建筑的可量化的绿色设计与评价标准（Green Guide for Healthcare，简称 GGHC）；其后，世界各国先后制定了绿色医院和绿色医院建筑方面的相关政策和评价体系，包括 2008 年英国建筑研究院（BRE）针对医疗建筑发布了 BREEAM Healthcare；2009 年澳大利亚绿色建筑委员会（GBCA）发布了 Green Star HC；2011 年美国绿色建筑委员会（USGBC）发布了 LEED 2009 for Healthcare 等。

（一）英国：理性而持续的绿色医院建筑发展

英国绿色医院建筑是在缜密、系统的医院建筑研究体系中逐步发展起来的。研究体系中相关成果、方法与工具的成熟，为绿色医院建筑的发展奠定了坚实基础，也为未来绿色医院建设的发展指明了方向。

英国 1948 年成立国民卫生保健机构（National Health Servica，NHS），实行全民医疗体制，由中央政府承担医院运营和建设。为使医院建设社会效益最大化，英政府依托专业研究机构 MARU（Medical Architecture Research Unit），“自上而下”积极开展面向社会需求的医院建筑设计研究、推动实验项目建设并积极推广研究成果，使英国医院建筑发展呈现出理性与连续的特点。

在可持续发展观念盛行之前，出于社会效益最大化考虑，英国开展了诸如“空间利用研究”“经济型医院模式研究”“降低建设投资和运营费用的设计研究”“弹性设计研究和医院评估”等。这些研究在人性化前提下，有效提升了医院建筑功能效率，充分利用了各类医疗资源（包括空间和人力资源）。1973 年石油危机后，为控制医院运营成本，保护环境，英国启动了低能耗医院建筑项目，并建成了 2 家实验医院：圣玛丽（St Mary 's）医院和旺斯贝克（Wansbeck）综合医院。其中圣玛丽医院正是采用了经济型医院研究成果——“Nucleus”式。研究团队对这两家医院开展了使用后能耗评估研究，共出版 6 本研究报告（NHS Estates, 1994—1997），从项目启动到最后一本报告出版，历经 18 年。

2002 年，英国发布针对医院建筑能耗与环境保护的评估工具 NEAT（NHS Environmental Assent Tool，2002），2008 年被《绿色医疗建筑评估手册》（BREEAM Health Care）取代。《绿色医疗建筑评估手册》弥补了 NEAT 评估新建医院时止步于设计阶段的缺陷，实现了对项目从设计到施工全过程的绿色控制：不仅包含设计阶段评估，在项目建设完成后还要结合设计阶段评估成果进行最终评估。

（二）德国：“德国制造”的能源中心化医院

节省开支并有益环保是德国发展绿色医院建筑的双重驱动力。德国绿色医院的总体特点有三个方面。

第一，“二战”后发展起来的高水准德国制造业制度与观念，确保了医院建筑具有优质的建筑设计与建造基础。

第二，面对高涨的能耗成本，德国医院急需降低建筑运营能耗，“德国制造”在能源效率方面的领先地位带动了绿色医院建筑设计及能源效率的研究与应用。

第三，“德国制造”的专业分工与合作观念，使德国医院组建专业化团队进行医院运营与建筑管理，将能耗高的机电设备设施集中设置为“能源中心”并进行整体优化设计和统一管理。

当代德国医院可以在输出高品质医疗服务的同时，有效降低医院建筑全寿命周期的资源消耗与能耗。因为医院建筑的社会福利设施地位和高耗能特性，经济利益成为德国推动医院发展绿色建筑的核心驱动力。

一方面，为保障社会卫生保健服务需求得到满足，政府大力资助、推动医院发展绿色建筑。德国政府仅拥有部分卫生服务设施，对其他设施间接控制管理，并允许医院提供私人卫生保健服务，而医院仅靠医疗保险支付的服务费用难以进行医院扩建、购买医疗设备时，难免对社会卫生保健服务造成不良影响，政府会承担相关费用。例如，柏林社会与卫生署 2013 年投资 5000 万欧元对 13 家医院进行节能改造。无论医院性质和权属，只要政府核定医院设施确实影响了必要的卫生保健服务提供，或医疗服务提供的能耗成本过高，政府均可全资或部分资助。

另一方面，能源费用日益上涨使德国医院面临运营成本压力，在保证医疗效益和环境友好前提下，节约能耗支出、发展绿色医院成为很多医院的选择。在德国，有绿色建筑项目设计业绩的建筑师格外受欢迎，甚至一些项目标明有绿色建筑设计业绩的设计团队才能参与。除了采用绿色建筑设计措施，德国医院还通过建立能源中心的方式，将传统分类设计管理的供水、采暖通风与电力供应等设备系统统一优化组合，使用节能设备和技术，采用用能监控与评估等手段，降低能耗的运用。

由于德国医院建设量已基本饱和，目前能耗控制主要是对现有设施进行优化。医院为此积极寻求政策支援和专业团队的合作，催生了测评、改造和维护管理医院建筑能耗的专业，如西门子公司是德国目前最大的提供测评与节能改造业务的公司。再如柏林的贝特尔医院（Krankenhaus Berlin Bethel），2008 年启动绿色医院建设工作，通过与专业能源管理公司合作，改装供暖系统、启用自己的发电厂等，将二氧化碳排放量不断降低，至 2012 年，能耗降低了 28%，减少了 629 t CO_2 排放，每年的能耗费用节省在 115 万欧元以上。

（三）荷兰：体系化协作下消解的封闭医疗城

荷兰人口密度高，非常重视高效利用资源和环境保护。通过医学社会体系协作减少对高能耗医院服务的使用也是荷兰当前卫生事业发展的趋势。2006 年荷兰医改后，众多医疗服务举措改变了荷兰医疗建筑风貌。

与英国一样，“二战”后荷兰开始大范围现代化医疗设施建设，并在 20 世纪 60 年代进入建设高峰。但由于缺乏统一规划，加之各宗教教派之间的壁垒与纷争，使荷兰医疗建设存在着综合医院多、专科医院少、医院服务半径不合理等问题。政府为此主导并开展了多年的医院兼并和调整工作。为改善服务并控制公共卫生费用的持续上涨，政府近年来还积极调整医疗服务构成，将高端专科医院集中设置。综合影响下，当前荷兰医院整体呈现床位缩减趋势。

荷兰的医疗服务组织也正发生着转变：以改善病人体验和提高服务效率为目标，从以医学专业区分的传统模式，转向以病人核心疗程为中心的现代模式。传统医院建筑的“门诊、医技和住院部”三分法布局也由此需要改变为多中心格局。根据非急症病人就医的无缝衔接需求，组织卫生保健服务提供体系。具体而言，就是病人先去社区全科医生处就诊，之后由全科医生判断是否再需要转诊接受专科医生治疗；若需要，则病人在医院接受这部分（关键）治疗后，回到社区（或家里）完成后续康复护理。

受此影响，目前荷兰对大批医疗设施进行改造，加上 20 世纪 70 年代大规模改造浪潮，荷兰人认为医疗建筑设计中如何包容未知变化要重于其他。因此，荷兰当代医院建筑注重建筑环境的“通用性”和“日常化”设计，并鼓励用户高度参与设计过程，有效降低建筑全寿命周期内功能变动带来的拆改与二次装修的浪费。

“通用性”和“日常化”设计是“灵活性（或弹性）”设计概念的升级。为应对医学发展和疾病谱变化、医疗保障制度变革、社会经济发展与人口数量及其结构变化等带来的医疗服务功能需求变革，需要医疗建筑具有一定弹性来容纳这些调整，各种医院“灵活性”设计方法应运而生。

如今功能主义设计方式受到质疑，加上医改后医疗设施私有化，荷兰人采用了面积标准宽松并注重室内外环境品质的“通用化”与“日常化”设计，代替“灵活性”的设计概念。从房地产角度，单纯为医学功能“量身定做”的建筑物，比小型的、标准宽松或多用途建筑物市场价值要低得多，“通用化”与“日常化”设计有利于保证医疗设施业主投资的医疗地产价值最大化。在未来医院床位缩减时，建筑物可以不经改动或少作改动，便可用于其他商业（或居住）用途。

荷兰医疗建筑一直有着“富而不奢”的务实精神，这与荷兰社会的“加尔文（Calvin）精神”联系密切，即身处富足而常怀忧患的传统。荷兰医疗建筑少见高档奢华材料，多精美细节与巧妙动人的空间形态，但建筑品质仍居于首位，因为荷兰人认为“便宜的东西是昂贵的”，高品质材料更耐久，有利于节省运营费用。这些都是我国发展绿色医院建筑值得借鉴之处。

除上述降低能耗的技术方法外，类似英国、荷兰的发展观念，在规划阶段也尤为重要：要对医院是否迫切需要建设、能否以其他设施代替进行决策，最优保护环境资源的方案是零建设。此外，德国公共建筑普遍设计建造周期长，这对建筑可持续发展非常有利。德国医院建筑规划设计时考虑包括医院建造成本和运营成本的建筑全寿命周期成本，并认为建造成本通常比运营成本低得多，后者大约是前者的5倍；而规划设计阶段对建筑潜在运营费用影响最大，其后影响机会减少，所以要充分考虑规划设计。

与其他类型公共建筑的可持续发展方式相比，医院建筑增加了“流程优化”一项，这是由医院建筑复杂功能决定的。医院功能流程优化与效率提高不仅可以降低运营耗能支出，还有助于降低医院人工费用。

二、国内绿色医院建筑政策解读

（一）国家政策解读

2006年，原建设部颁布了《绿色建筑评价标准》《绿色奥运建筑评估体系》《中国生态住宅技术评估手册》，主要适用于对住宅建筑和公共建筑中的办公建筑、商场建筑和旅馆建筑进行评价，但并没有专门针对医疗建筑进行评价的方法。

2010 年，住建部科技发展促进中心和卫生部医院管理研究所共同制定了《绿色医院建筑评价技术细则》，涉及规划、建筑、设备及系统、环境与环境保护、运行管理五个方面，把“四节一环保”作为绿色医院建筑必须遵循的原则。2015 年颁布的《绿色医院建筑评价标准》正式赋予“绿色医院建筑”如今的定义。

（二）地方政策解读

随着绿色医院的概念不断深入人心，浙江、广西、陕西、太原、深圳等省市提出绿色医院评价的地方标准。

目前地方基于国家基本标准颁布绿色医院地方标准的有重庆、江西两地。

1. 重庆市《绿色医院建筑评价标准》（DBJ 50/T-231-2015）

标准结合重庆市《绿色建筑评价标准》以及国家《绿色医院评价标准》，为了确保绿色设计的落实，保留了施工管理章节，以及竣工阶段的评价；对各类评价指标权重的取值进行了调整；评价内容凸显了医院建筑的特点。

2. 其他地方绿色医院建筑政策

其他地方，如大连市的《绿色医院评估标准》、宁波市的《环保模范（绿色）医院标准》、西安市的《绿色医院评审细则》、深圳市的《绿色医院考评标准》等，对绿色医院的提法都不尽相同，不同标准从不同的侧重点提示绿色医院应包括的一些重要内容，因此都需要进一步的完善。

3. 各地绿色建筑奖励政策文件概览

由于国家标准《绿色医院建筑评价标准》实施时间较短，各地尚没有发布专门针对绿色医院建筑的奖励政策。但是，我国已有近 30 个省（直辖市、自治区）发布了绿色建筑的奖励政策，如表 2—1 所示。一般而言，绿色医院建筑可作为绿色建筑的一个重要类型，享受当地的奖励政策。

表 2-1 各地绿色建筑奖励政策文件概览表

序号	地区	文件名	绿色建筑奖励政策内容
1	北京	《北京市发展绿色建筑推动绿色生态示范区建设财政奖励资金管理暂行办法》	第七条，对绿色建筑标识项目给予财政奖励。在中央奖励资金基础上，对绿色建筑标识项目按建筑面积给予奖励资金。奖励标准为二星级标识项目 22.5 元 /m²，三星级标识项目 40 元 /m²，奖励标准根据技术进步、成本变化等情况适时调整，奖励资金主要用于补贴绿色建筑咨询、建设增量成本及能效测评等方面。鼓励各区县政府自行研究制定本区县关于绿色建筑的扶持奖励政策，加大对绿色建筑标识项目支持力度。 第九条，对绿色建筑标识认证工作经费给予保障。一、二星级绿色建筑设计标识认证费用标准为 8000 元 / 项目，一、二星绿色建筑运行标识的认证费用标准为 10000 元 / 项目，项目认证、绩效评价等工作经费可从市级奖励资金中列支
2	天津	《天津市绿色建筑试点建设项目管理办法》	实施绿色建筑建设标准的工程将有资格获得建筑节能专项基金补助。该资金分两次拨付，申报单位签署任务合同书，第一次拨付 3 万元。待项目验收合格后，第二次拨付 2 万元
3	上海	《上海市建筑节能和绿色建筑示范项目专项扶持办法》	符合绿色建筑示范的项目，二星级绿色建筑运行标识项目每平方米补贴 50 元，三星级绿色建筑运行标识项目每平方米补贴 100 元
4	重庆	《重庆市绿色建筑项目补贴资金管理办法》	第十一条　市城乡建委、市财政局对获得金级、铂金级绿色建筑标识的项目按项目建筑面积分别给予 25 元 /m² 和 40 元 /m² 的补助资金，并根据技术进步、成本变化等情况适时调整。其中，对仅获得我市金级、铂金级绿色建筑竣工标识的项目分别给予 10 元 /m² 和 15 元 /m² 的补助资金
5	黑龙江	《黑龙江省绿色建筑行动实施方案》	进一步完善各项扶持政策。各地要加大对发展绿色建筑的资金投入，支持绿色建筑及绿色生态城区建设、可再生能源建筑应用等，落实好国家支持绿色建材发展、建筑垃圾资源化利用、建筑工业化、基础能力建设等工作的政策措施。对新建绿色建筑，优先落实高效照明产品推广补贴政策。鼓励企业利用《资源综合利用企业所得税优惠目录》规定的资源作为主要原材料生产建筑材料，落实好税收优惠政策，鼓励房地产开发企业建设绿色建筑，引导消费者购买绿色住宅。改进和完善金融服务，支持金融机构在符合国家房地产调控政策前提下对购买绿色住宅的消费者在购房贷款利率上给予适当优惠。各地要组织规划和国土资源部门研究制定容积率奖励政策，在土地招拍挂出让规划条件中，要明确绿色建筑的建设用地比例。

（续）　　表 2-1　各地绿色建筑奖励政策文件概览表

序号	地区	文件名	绿色建筑奖励政策内容
5	黑龙江	《黑龙江省绿色建筑行动实施方案》	对取得绿色建筑标识项目并继续开展绿色建筑业务的相关企业，在资质升级、优惠贷款等方面予以优先考虑或加分。在国家、省级评优活动及各类示范工程评选中，绿色建筑项目优先推荐、优先入选或适当加分
6	吉林	《吉林省建筑节能奖补资金管理办法》	2014 年绿色建筑专项奖补资金 2000 万元，三星级 25 元 /m^2，二星级 15 元 /m^2
7	辽宁	《辽宁省绿色建筑行动实施方案》	鼓励市、县（市）政府出台发展绿色建筑的相关土地、财政激励政策，研究规划建设阶段绿色建筑容积率奖励政策。完善绿色建筑金融服务体制，金融机构对购买绿色住宅的消费者给予适当的购房贷款利率优惠。对实施绿色建筑项目企业和经认定的新型墙体材料、废物利用比例符合要求的资源综合利用建材，按规定落实税收优惠政策。省住房城乡建设厅根据绿色建筑发展需要，及时公告绿色建筑相关技术、产品的推广目录，在政府采购中，优先购买列入推广目录的产品。政府投资的党政机关、学校、医院等公共建筑，单体建筑面积超过 2 万 m^2 大型建筑以及居住小区，未获得绿色建筑评价星级的，不予推荐申报“辽河杯”“鲁班奖”等评优评奖项目。对不按《辽宁省扬尘污染防治管理办法》规定施工，造成扬尘污染被依法处罚的，取消各类评比、评价资格。对获得二星级及以上的绿色建筑项目和具备一定条件的绿色生态城区，按相关规定申请中央财政奖励。省经济和信息化委负责制定并发布绿色建材生产的相关政策；及时公告绿色墙体材料目录，根据新型墙体材料专项基金征收使用管理的相关规定，重点支持绿色墙体材料发展，鼓励企业生产、应用绿色墙体材料
8	河北	《2016 年河北省建筑节能与科技工作要点》	抓绿色建筑品质提高。继续推动政府投资建筑工程、大型公共建筑强制执行绿色建筑标准。创建一批高品质的绿色建筑小区。完善绿色建筑评价及其监管体系，确保绿色建筑标识质量。印发新版（2016 版）《河北省不同地区绿色建筑技术分类适用目录》，为绿色建筑发展提供技术支持。 抓绿色建筑规模化发展。着眼于新型城镇化发展，设区市主城区先行，并扩展至县城和建制镇，全面提高绿色建筑在新建建筑中的比重。督促各市（含定州、辛集市）落实本地“十三五”及年度绿色建筑发展计划。建立绿色建筑进展定期报告制度，启动实施绿色建筑强制实施计划，在部分设区市城镇执行绿色建筑标准的基础上，逐步扩大强制执行绿色建筑标准的范围。

表 2-1 各地绿色建筑奖励政策文件概览表 （续）

序号	地区	文件名	绿色建筑奖励政策内容
8	河北	《2016 年河北省建筑节能与科技工作要点》	抓可再生能源建筑应用推广。抓紧完成中央财政支持各类可再生能源建筑应用示范项目的验收工作，总结示范经验并予以推广。加大太阳能光热、光电技术，以及地源热泵、空气源热泵技术的推广应用力度。指导张家口可再生能源示范区、冬奥体育场馆建设实施示范项目。继续抓好邯郸、张家口两市太阳能热水系统示范城市建设
9	青海	《青海省绿色建筑行动实施方案》	建立配套高星级绿色建筑、绿色生态城（区）奖励资金和补助资金的审核、备案及公示制度，规范奖励资金和补助资金的使用。经国家和我省绿色建筑评价标识评审认定，符合财政部、住房城乡建设部《关于加快推动我国绿色建筑发展的实施意见》（财建〔2012〕167 号）规定条件的高星级绿色建筑，由中央财政给予奖励，即二星级绿色建筑 45 元 /m^2（建筑面积，下同），三星级绿色建筑 80 元 /m^2；对绿色生态城（区）给予资金定额补助，资金补助基准为 5000 万元。各级财政视财力状况，给予一定资金支持，省财政从太阳能利用专项补助资金统筹考虑。对取得星级绿色建筑的建设项目，城市配套费采取先征后返的政策，即对取得三星级绿色建筑评价标识的项目，城市配套费返还 70%；取得二星级绿色建筑评价标识的项目，城市配套费返还 50%；取得一星级绿色建筑评价标识的项目，城市配套费返还 30%
10	山东	《山东省省级建筑节能与绿色建筑发展专项资金管理办法》	绿色建筑示范奖励标准为：一星级 15 元 /m^2（建筑面积，下同）、二星级 30 元 /m^2、三星级 50 元 /m^2，单一项目最高不超过 500 万元。示范方案批复后，根据方案包含项目的绿色建筑标识星级，获得二星、三星级设计标识的，先拨付 50%，获得运行标识再拨付 50%；已获得运行标识、此前未获得过奖励资金的，一次性拨付奖励资金
11	河南	《河南省绿色建筑行动实施方案》	建立绿色建筑评价自愿性标识与强制性标识相结合的推进机制，对获得二星级及以上的绿色建筑项目，一星级绿色建筑达到一定规模的保障性住房项目，具备一定条件的绿色生态城区，按相关规定申请中央财政奖励或定额补助。 各级新型墙体材料专项基金要重点支持绿色建筑示范项目建设，鼓励房地产开发企业使用绿色建材。对使用新型墙体材料，并获得绿色建筑星级评价三星、二星、一星的建筑，按政策规定及时返还已征收的新型墙体材料专项基金，并给予一定的容积率返还优惠。对获得绿色建筑评价星级的项目，优先推荐申报中州杯、鲁班奖等评优评奖项目。

（续）　　表 2-1 各地绿色建筑奖励政策文件概览表

序号	地区	文件名	绿色建筑奖励政策内容
11	河南	《河南省绿色建筑行动实施方案》	鼓励市、县级政府出台发展绿色建筑的相关土地、财政激励政策，在土地招拍挂出让规划阶段将绿色建筑作为前置条件，研究规划建设阶段容积率补贴政策。完善绿色建筑金融服务体制，金融机构对购买绿色住宅的消费者给予适当的购房贷款利率优惠。对经认定的新型墙体材料、废物利用比例符合要求的资源综合利用建材，按规定落实税收优惠政策
12	江苏	《关于推进全省绿色建筑发展的通知》	建立绿色建筑省级配套资金奖励制度。从省级建筑节能专项引导资金中安排部分资金，对财政部、住房城乡建设部确定的绿色建筑二星、三星奖励项目，按一定比例给予配套奖励；对获得绿色建筑一星级设计标识的项目，按 15 元 /m^2 的标准给予奖励；对获得绿色建筑运行标识的项目，在设计标识奖励标准基础上增加 10 元 /m^2 奖励
13	安徽	《安徽省绿色建筑专项资金管理办法》	省级财政将突出重点和关键环节，采取补助和奖励等方式，支持我省绿色建筑发展。一方面，以单体建筑奖励为主，每年支持 10 个左右高星级标志性绿色建筑发展，提高绿色建筑质量水平；另一方面，以支持绿色生态城区发展为主要抓手，引导一批低星级绿色建筑规模化发展。省级每年确定的示范项目和区域，将优先申报国家示范，获得国家示范的，财政部将给予奖励，奖励标准为：二星级绿色建筑 45 元 /m^2，三星级绿色建筑 80 元 /m^2。绿色生态城区定额补助基准为 5000 万元，并根据绿色生态城区规划建设水平、绿色建筑建设规模、评价等级、能力建设情况等因素综合核定
14	浙江	《浙江省绿色建筑条例》	第三十七条　鼓励和支持企业、高等院校、研发机构研究开发绿色建筑新技术、新工艺、新材料和新设备。开发绿色建筑新技术、新工艺、新材料和新设备发生的研究开发费用，可以按照国家有关规定享受税前加计扣除等优惠。 县级以上人民政府科技主管部门应当将绿色建筑关键技术列入科技研发的重点领域，促进绿色建筑科技成果转化，支持绿色建筑公共技术服务平台和研发机构建设。 省建设主管部门应当将先进、适用的绿色建筑新技术、新工艺、新材料和新设备纳入本省建设工程材料和设备的推广使用目录。 民用建筑采用没有工程建设标准的绿色建筑新工艺、新材料和新设备的，按照国家有关规定进行技术论证后可以在该民用建筑中使用。 第三十八条　建设、购买、运营绿色建筑实行下列扶持政策： （一）因采用墙体保温技术增加的建筑面积不计入容积率核算和不动产登记的建筑面积；

表 2-1 各地绿色建筑奖励政策文件概览表 （续）

序号	地区	文件名	绿色建筑奖励政策内容
14	浙江	《浙江省绿色建筑条例》	（二）利用太阳能、浅层地热能、空气能的，建设单位可以按照国家和省有关规定申请项目资金补助； （三）居住建筑采用地源热泵技术供暖制冷的，供暖制冷系统用电可以执行居民峰谷分时电价； （四）使用住房公积金贷款购买二星级以上绿色建筑的，公积金贷款额度最高可以上浮百分之二十，具体比例由设区的市住房公积金管理部门确定
15	福建	《福建省绿色建筑行动实施方案》	加大对绿色建筑的资金投入，重点支持绿色生态城区示范、绿色建筑工程、建筑工业化、既有建筑节能改造、可再生能源建筑应用等重点工作。继续支持各地申报国家相关示范，争取资金补助，对绿色建筑星级项目，市、县（区）财政根据各地实际情况给予奖励。绿色建筑项目的设计费可适度上浮。金融机构应对绿色建筑建设和消费在授信管理、额度、定价等方面给予适度倾斜。对绿色建筑项目，各地纳入绿色审批通道。在“鲁班奖”“闽江杯”“优秀勘察设计奖”等评优活动中，优先推荐绿色建筑项目
16	江西	《江西省绿色建筑实施意见》	将绿色建筑列为省政府节能目标责任考核指标。各地要落实绿色建筑发展的相关土地、财税、金融等激励政策，支持绿色建筑项目和绿色生态城区建设。在“鲁班奖”“广厦奖”“华夏奖”“杜鹃花奖”“全国绿色建筑创新奖”等评优活动及各类示范工程评选中，实行绿色建筑优先入选或优先推荐上报的制度
17	湖南	《湖南省绿色建筑行动实施方案的通知》	对取得绿色建筑评价标识的项目，各地可在征收的城市基础设施配套费中安排一部分奖励开发商或消费者；对其中符合相关条件的项目优先纳入省重点工程项目；对其中的房地产开发项目，另给予容积率奖励。对采用地源热泵系统的项目，在水资源费征收时给予政策优惠。以上具体办法由住房和城乡建设部门会同财政、水利、物价等有关部门研究制定。引导金融机构加大对绿色建筑项目的信贷支持。对列入省绿色建筑创建计划的项目，纳入绿色审批通道。对因绿色建筑技术而增加的建筑面积，不纳入建筑容积率核算。在“鲁班奖”“广厦奖”“华夏奖”“湖南省优秀勘察设计奖”“芙蓉奖”等评优活动及各类示范工程评选中，将获得绿色建筑标识作为民用房屋建筑项目入选的必备条件。对实施绿色建筑的相关企业，在企业资质年检、企业资质升级中给予优先考虑或加分

（续）　　表 2-1　各地绿色建筑奖励政策文件概览表

序号	地区	文件名	绿色建筑奖励政策内容
18	广东	《广东省绿色建筑行动实施方案》	研究完善财政支持政策，积极支持开展绿色建筑相关工作。由省住房城乡建设厅会同省国土资源厅研究制订容积率奖励政策，指导各地在设定土地使用权出让规划条件时明确绿色建筑比例。“十二五”期间，省财政继续安排专项资金用于促进建筑节能减排工作，推动建筑节能科技进步。从 2013 年开始，省财政从省节能专项资金中统筹安排资金，对绿色建筑技术研究和评价标识制度建设等工作给予适当补助，对获得国家、省级星级评价标识并完成建设工程竣工验收备案、具有示范意义的绿色建筑给予奖励，具体办法由省住房城乡建设厅会同省财政厅、发展改革委、经济和信息化委等部门研究制定。各地要抓紧制定本地区发展绿色建筑的激励政策
19	海南	《海南省住房和城乡建设厅关于实施绿色建筑行动有关问题的通知》	申报绿色建筑评价标识，可向住房和城乡建设部科技发展促进中心或中国城市科学研究会申请二、三星级绿色建筑评价标识，或向海南建程建筑节能研究中心申请一、二星级绿色建筑评价标识。获得二、三星级绿色建筑运行标识的项目可按规定申请中央财政奖励和分别返还 20%、40% 城市基础设施配套费
20	陕西	《关于加快推进我省绿色建筑工作的通知》	对新建建筑全面推行绿色建筑标准，二星级及以上绿色建筑达到 30% 以上，2 年内绿色建筑开工建设规模不少于 200 万 m^2 的绿色生态城区，中央财政审核给予 5000 万元基准的资金补助；二星级及以上绿色建筑达到 30% 以上，2 年内绿色建筑开工建设规模介于 100~200 万 m^2 的绿色生态城区，除享受国家、省单体建筑奖励政策外，省财政给予每个绿色生态城区 100 万元资金奖励。今年中央财政奖励标准为：二星级绿色建筑 45 元 /m^2，三星级绿色建筑 80 元 /m^2。陕西省财政对一、二、三星级绿色建筑的奖励标准，分别为每平方米 10 元、15 元、20 元
21	内蒙古	《关于积极发展绿色建筑的意见》	对获得绿色建筑标识的项目，在“鲁班奖”“广厦奖”“华夏奖”“草原杯”“自治区优质样板工程”等评优活动及各类示范工程评选中，实行优先入选或优先推荐上报。 对于获得绿色建筑标识的项目，在企业资质年检、企业资质升级时给予优先考虑或加分等；对于取得三星级绿色建筑标识的减免城市配套费 100%，取得二星级绿色建筑评价标识的减免城市配套费 70%，取得一星级绿色建筑评价标识的减免城市配套费 50%

表 2-1 各地绿色建筑奖励政策文件概览表 （续）

序号	地区	文件名	绿色建筑奖励政策内容
22	贵州	《贵州省绿色建筑行动实施方案》	加大政策资金支持。落实和完善财政支持政策，加大省级有关节能资金投入，积极争取中央资金支持，加强绿色建筑及绿色生态城区建设、既有建筑节能改造、可再生能源建筑应用等工作。市（州）和县级人民政府要建立相应投入机制，加大节能资金投入。项目可研阶段，应将执行绿色建筑标准增加的投入纳入项目总投资。对政府投资的公益性项目、保障性安居工程等非营利民生项目，在可研审批和项目资金预算安排时，要保证执行绿色建筑标准增加的投入。制定支持绿色建材发展、建筑垃圾资源化利用、建筑工业化、基础能力建设等工作的政策措施。改进和完善支持绿色建筑行动的金融服务，拓宽融资渠道。鼓励金融机构对购买绿色住宅的消费者在购房贷款利率上给予适当优惠。 继续推进绿色建筑评价标识工作，完善绿色建筑评价标识体系建设。对政府投资公益性项目、保障性安居工程等非营利民生项目，以绿色建筑专项资金奖励为主，获得绿色建筑标识后，积极争取国家绿色建筑奖励资金支持。支持贵阳市以外的地区开展保障性安居工程绿色建筑示范。获得星级绿色建筑设计标识的项目，积极推荐参评省优秀工程勘察设计奖。按照绿色建筑标准竣工验收备案的项目，积极推荐参评省优秀施工工程，同时积极推荐绿色建筑参评全国优秀勘察设计奖、国家优质工程质量奖。落实绿色建筑和节能减排相关税收优惠政策，鼓励房地产开发商建设绿色建筑，引导消费者购买绿色住宅。 对经营性营利项目要以容积率奖励为主。除争取国家绿色建筑奖励资金外，在获得星级绿色建筑设计标识后，按实施绿色建筑项目计容建筑面积的 3% 以内给予奖励。容积率奖励应遵循土地利用效率与人居环境质量相平衡原则，严格执行国家容积率调整规定，规划、住房城市建设、房管、城市园林绿化等部门应加强监督管理，确保项目建设按照获得绿色建筑设计标识的设计文件实施。研究出台促进绿色建筑发展在土地转让等方面的政策，在土地招拍挂出让规划条件中，要明确绿色建筑的建设用地比例
23	四川	《四川省推进绿色建筑行动实施细则》	通过绿色建筑认证的项目，有关部门在“鲁班奖”“广厦奖”“天府杯”“全国绿色建筑创新奖”等评优活动及各类示范工程评选中，应优先推荐上报

第二节 《绿色医院建筑评价标准》解读

一、标准编制的意义

医院建筑作为建筑中的耗能大户之一，因其安全性能要求较高、医疗流程复杂、室内外环境要求严格、各功能房间用能用水要求差别较大，尚未进入《绿色建筑评价标准》的评价体系之中。借鉴国际先进经验，建立一套适合我国国情的绿色医院建筑评价标准，探索我国绿色医院建设及发展模式，推广建筑领域可持续发展理念，对积极引导和大力发展绿色医院建筑，规范全国绿色医院建筑的评价，完善绿色建筑评价标准体系等都具有十分重要的意义。

二、标准编制的基本原则

作为目前绿色建筑评价体系的完善和补充，《绿色医院建筑评价标准》（以下简称《标准》）在指标设置、权重分配、框架构建、等级划分等内容上与《绿色建筑评价标准》基本保持一致，但在具体条文的内容设置上重点突出了医院建筑与一般公共建筑的不同点，在满足医院建筑功能需求和特殊要求的同时，实现绿色建筑的基本目标和要求：第一，与现有国家相关规范和标准衔接、呼应；突出标准对医院特点的针对性和定性、定量相结合的可操作性，便于指导医院建设单位和设计单位的应用。考虑到医院建筑目标人群的特殊性，《标准》特别强调室内外环境质量，如室内新风量的保证、医院建筑室内的色彩运用应充分考虑医患的心理和生理效应等；以及体现全过程控制，定量和定性相结合，系统性与可操作性相结合等原则，切实发挥激励先进、鞭策后进的作用。

三、标准的评价要求

目前，我国在评价医院建筑是否达到绿色建筑标准时，主要依据的是国家标准《绿色医院建筑评价标准》。

标准中在理解绿色医院建筑这个定义时，主要从以下几个关键要素出发。

一是最终目的：为患者、医务人员、来访者提供一个与自然和谐共生的，健康、适用和高效的使用空间。其中，“健康”应以安全为前提，其次是无害，更高层次是促进健康；“适用”强调了与当前社会经济发展水平相适应；“高效”既包括节约，也包括减排。

二是核心内容：可以归纳为“四节一环保”。“四节”是指节能、节地、节水、节材；“一环保”是指保护环境和减少污染。

三是时间周期：强调了全寿命周期的概念。不仅在建设过程中，还要在运行过程中，甚至在结束使用后的处置过程中都要注意节约、减排、保护环境等问题。

四是医疗流程合理：强调了设计单位不要以偏概全，绿色医院建筑首先要实用。医疗流程简捷、功能布局合理，这是绿色医院最重要的底色，也是其最重要的表现。

《绿色医院建筑评价标准》主要从以下六个方面对医院建筑是否达到绿色标准进行评价。

1. 场地优化与土地合理利用

关于场地，《绿色医院建筑评价标准》画出了四条不能突破的“红线”。

一是不能突破地区城乡规划，以及国家对各类保护区和文物古迹保护的建设控制要求。保护区主要包括基本农田保护区、风景名胜区、自然保护区、历史文化名城名镇名村、历史文化街区等。文物古迹主要是指涉及古代、近代、革命时期的文物保护单位、保护建筑和历史建筑。

二是不能突破对各类危险源进行避让的要求，明确规定医院建筑的场地不能选择在自然灾害威胁的区域；危险化学品和易燃易爆物品威胁的区域；以及有毒有害物质危害的区域。特别强调了要对地震断裂带进行避让。

三是不能突破对各类污染物排放和处置的要求，应采取有效措施控制放射性危害、放射性污水、电磁波污染、污水废水、医疗废物、大气污染物和噪声对医院室内外环境的影响。

四是不能突破国家对居住类建筑的日照要求，应按照国家和行业的相关标准对医院建筑进行合理布局和设计，保证病房的间距、日照符合标准，不对周边建筑的日照产生不利影响。

除以上要求外，评价标准还从建设用地、绿化用地、地下空间利用、规划布局及分区、避免光污染、环境噪声、风环境、降低热岛强度、与公共交通的联系、无障碍设计、停车、急救绿色通道、生态保护、雨水规划及设施、绿化方式等共15个方面规定了评价指标。其目的是强调节约集约利用土地与保证医院功能用地之间的平衡，在保证功能的前提下科学合理地使用建设用地；规划布局满足服务功能和医疗流程的需要，最大限度地利用自然条件，减少对周边环境的不良影响；采取措施控制光污染、环境噪声、空气污染和热岛强度；为患者就医提供便利；保护、恢复和美化场地的生态环境。

2. 节能与能源利用

关于节能与能源利用，《绿色医院建筑评价标准》控制项中主要提出了三项基本要求。

一是对建筑能耗进行分区计量，为能源审计和绩效考核提供依据。

二是建筑设施设备的设计和配置要符合国家和行业有关节能的标准。

三是建筑设施设备必须按规定进行调试。

节能这一部分权重值在整个标准中最大，设定了8项量化的评价指标，这些指标任一技术得分几乎相当于其他章节中双倍得分，是高星级医院不可或缺的部分，也足见能耗问题在医院中受重视的程度。这8项量化评分指标包括围护结构热工性能、能耗分区分项计量、用能系统输配能耗、建筑设备能效、照明功率密度、节能运行措施、可再生能源和空气源热泵利用、能耗降低成效。

3. 节水与水资源利用

《绿色医院建筑评价标准》对水资源的利用主要强调了两点。

一是要统筹各种水资源，综合利用。

二是给水排水系统的设置要合理、完善，结合医院的行业特点，强调水资源利用的安全性。

要实现水资源的综合利用，保障用水安全，需要医院进行细致的调查研究，制订完善的实施方案，除满足国家、各个地区的相关标准之外，评价标准还将节水器具的应用列为对医院建筑的基本要求。

节水与水资源利用的评价指标一共涉及 11 个方面，包括平均日用水量、避免管网漏损的措施、供水压力、计量装置设置、卫生器具用水效率等级、节水灌溉方式、循环冷却水节水、其他节水技术或措施、优质杂排水收集利用、非传统水源利用、雨水利用。这些指标的设定意在引导医院通过水资源的综合利用，采取节水技术和管理措施达到节约用水的目的。

4. 节材与材料资源利用

《绿色医院建筑评价标准》对于建筑材料和制品的基本要求主要针对的是在使用中发现的问题，无论设计单位、采购单位在选择建筑材料和制品时都需要注意规避。

一是根据国家发布的公告，不使用被禁止的材料和制品，慎重选用限制使用的材料和制品。

二是严格遵守国家标准，在绿色医院建筑中使用高强钢筋。

三是避免过分追求标新立异，大量使用装饰性的构件，造成材料资源的浪费。

关于建筑材料的评价指标，共 12 项，涉及 7 个方面。其中，使用本地建材的主要目的是降低运输的资源消耗和环境污染；要求使用预拌混凝土和预拌砂浆意在保证质量，减少现场噪声和环境污染，减少材料损耗；选用高强度、高耐久性材料是节材的重要措施。对室内装饰材料的评价主要提倡材料的坚固、结实和耐久性问题。土建和装修的一体化主要是为了减少破坏和拆除，避免重复装修和返工。注意选择可重复使用、再利用、再循环、以废弃物为原料的建筑材料也是节材的重要措施。此外，评价标准还对施工节材、结构体系和建造方式提出了具体要求。

5. 室内环境质量

关于室内环境质量，《绿色医院建筑评价标准》从 7 个维度规定了参评的前提条件。这 7 个维度是噪声、照明、霉菌控制、温湿度和风速、新风量、空气质量、导向标识。判定是否符合要求的依据是现行国家标准，包括《民用建筑隔声设计规范》《建筑照明设计标准》《综合医院建筑设计规范》以及《室内空气质量标准》等。

室内环境质量章节权重较节能部分次之，也是标准中较重章节，应引起足够重视，本章评价指标也基本按照上述几个维度设定，共有 14 项，其中包括室内噪声级、隔声性能、采光系数、室外景观比例、自然采光效果、热环境的可控性、可调节遮阳设施、净化过滤设备、废气排放系统、新风系统过滤净化、空气质量监控、医院平面布局、人性化设计和室内色彩运用。鉴于人性化设计和室内色彩运用是在运行阶段评价，且属于较为主观性的评价指标，希望结合室内使用人员的问卷调查进行主观评价。希望通过上述指标的优化，为医患提供一个既保证环境品质又经济高效的室内环境。

6. 运行管理

关于运行管理，《绿色医院建筑评价标准》主要针对的是医院建筑运行，而不是医院运行。医院的运行管理除了建筑运行之外，还包括医疗活动和经营管理活动。对运行管理的评价不仅是技术评价，还包括管理体制、保障机制、运行绩效等方面的评价。其基本要求和评价指标，不仅涉及建筑的各个专业，还包括与医院建筑运行密切相关，与节能、减排、环保以及患者和医务人员健康密切相关的化学品管理、废物管理、环境卫生、食品服务、采购管理等内容。

按照《绿色医院建筑评价标准》的要求，新建和改扩建的医院建筑应在验收合格并且按照设计投入正常使用 1 年后才能参加评审。除此之外，还要满足以下 3 项基本要求。

一是医院建筑设施、设备的档案资料以及运行、维护记录完整。

二是与医院建筑运行相关的法定检测项目全部合格。

三是围绕“四节一环保”制定医院建筑运行管理的制度并贯彻执行。

运行管理的评价指标共有12条，包括组织领导和宣传培训、管理体系认证、保护原有自然环境、室外休息区设置、绿色出行、设施设备运行、建筑智能化、能源资源的计量审计考核、设施设备维护改造、化学品管理、医疗及非医疗的废物管理、施工影响控制。主要目的是通过管理手段对医院建筑的运行加以保障并且持续加以改进。

四、标准的主要内容

（一）框架内容

《标准》的主要适用对象为医院建筑，应适当考虑其他医疗建筑；考虑到医院量大面广的改造建筑，《标准》的内容既适用于新改扩建的医院建筑，也适用于改造的医院建筑。

《标准》主要内容包括总则、术语、基本规定、场地优化与土地合理利用、节能与能源利用、节水与水资源利用、节材与材料资源利用、环境与环境保护（含室内环境质量和室外环境保护）、运行管理、创新。《标准》设立了创新加分，鼓励符合绿色建筑理念的创新，这种设计可以弥补权重体系的不足，确有创新的参评项目可以获得额外加分，使评价体系更加合理，对绿色建筑技术的发展具有重要意义。

（二）总则、术语、基本规定

《标准》第1章“总则”共4条，分别阐述了标准宗旨、适用范围、基本评价原则、同其他标准规范的衔接。医院建筑耗能巨大，开展绿色医院建筑评价，引导医院建筑合理利用资源、改善环境质量，对医院可持续发展具有重要作用。

《标准》第2章“术语”共6条，分别定义了绿色医院建筑、热岛强度、非传统水源、可再循环材料、可再利用材料、电磁波污染共6个相关概念。在绿色医院建筑的概念中，“全寿命周期”是时间节点，“保证医疗流程”是前提原则，“四节一环保”是技术手段，“健康、适用和高效”是功能要求，“与自然和谐共生”是可持续发展目标。

《标准》第 3 章“基本规定”分两节，共 11 条，分别规定了绿色医院建筑评价对象、评价阶段、申请评价方要求、评价机构要求、评价指标体系、各条文评价结果、各类指标评价分值与计算方法、等级划分等评价基础性内容。该章对绿色医院建筑各类评价指标的权重规定如表 2—2 所示。

表 2-2 绿色医院建筑各类评价指标的权重

分项评价阶段	场地优化与土地合理利用 W_1	节能与能源利用 W_2	节水与水资源利用 W_3	节材与材料资源利用 W_4	室内环境质量 W_5	运行管理 W_6
设计评价阶段	0.15	0.3	0.15	0.15	0.25	——
运行评价阶段	0.1	0.25	0.15	0.1	0.2	0.2
注：表中“——”表示运行管理指标不参与设计阶段评价。						

《标准》建立在《绿色建筑评价标准》基础之上，突出了医院建筑与一般公共建筑的不同点，统筹考虑医院建筑能耗大、安全性能要求高、医疗流程复杂、室内外环境要求严格、各功能房间用能、用水要求差别较大等突出特点，强调在满足医院建筑功能需求、安全需求和特殊需求的同时，分设计阶段和运行阶段来实现绿色建筑的目标和要求。

（三）医院星级的确定

评价指标体系每类指标的总分均为 100 分。六类指标各自的评分项得分 Q_1、Q_2、Q_3、Q_4、Q_5、Q_6 按参评医院建筑该类指标的评分项实际得分值乘以 100 分再除以该医院建筑理论上可获得的总分值计算。某类指标理论上可获得的总分值等于参评医院建筑的评分项的最大分值之和外加加分项的附加得分 Q_7。

按评价总得分确定绿色医院建筑的等级。对具体的参评医院建筑而言，它们在所在地区气候、环境、资源等方面客观上存在差异，且具备的医疗功能、建筑规模也不相同，适用于各栋参评建筑的评分项的条文数量可能不一样。不适用的评分项条文可以不参评。这样，各参评建筑理论上可获得的总分也可能不一样。为克服这种客观存在的情况给绿色医院建筑评价带来的困难，计算各类指标的评分项得分时采用了“折算”的办法。“折算”的实质就是将参评建筑理论上可获得的总分值当作 100 分。折算后的实际得分大致反映了参评建筑实际采用的“绿色”措施占理论上可以采用的全部“绿色”措施的比例。

绿色医院建筑评价的总得分下式计算，其中评价指标体系六类指标评分项的权重 W_1~W_6 按表 2—2 取值。

$$Q=W_1Q_1+W_2Q_2+W_3Q_3+W_4Q_4+W_5Q_5+W_6Q_6+Q_7$$

绿色医院建筑分为一星级、二星级、三星级三个等级。三个等级的绿色医院建筑均应满足本标准所有控制项的要求，且每类指标的评分项得分不小于 40 分。三个等级的最低总得分分别为 50 分、60 分、80 分。

五、标准的指标体系

（一）场地优化与土地合理利用

《标准》第 4 章“场地优化与土地合理利用”分两节，其中标准控制项包括 4 个评价条文，标准评分项包括土地利用、室外环境、交通设施与公共服务、场地设计与场地生态 4 个部分内容共 16 个评价条文。此外，对应于此章，第 10 章“创新”还有加分项 3 个条文，提出更高要求，共涉及 23 个评价条文。该章对各类技术指标评分值的规定如表 2—3 所示。

表 2-3 “场地优化与土地合理利用”一章各类技术指标评分值

条文类型		条文编号	条文内容	条文分值
控制项		4.1.1	项目选址相关规定	达标
		4.1.2	建设场地安全规定	达标
		4.1.3	污染排放规定	达标
		4.1.4	建筑日照规定	达标
评分项	土地利用	4.2.1	新建医院建设用地	18
		4.2.2	绿化用地设置	8
		4.2.3	地下空间利用	9
		4.2.4	规划布局及分区	7

（续） 表 2-3 “场地优化与土地合理利用”一章各类技术指标评分值

条文类型		条文编号	条文内容	条文分值
评分项	室外环境	4.2.5	建筑及照明设计避免光污染	4
		4.2.6	场地内环境噪声	4
		4.2.7	场地内风环境	8
		4.2.8	降低热岛强度措施	4
	交通设施与公共服务	4.2.9	场地与公共交通联系	7
		4.2.10	无障碍设计及连通	2
		4.2.11	停车场所设置	5
		4.2.12	急救车绿色通道设计	3
	场地设计与场地生态	4.2.13	场地内生态保护	3
		4.2.14	绿色雨水规划及设施	6
		4.2.15	雨水径流规划	6
		4.2.16	绿色方式及植物	6
加分项		10.2.1	建筑方案具有提高资源利用效率、建筑性能质量和环境友好性等方面的特征	1
		10.2.2	合理利用废弃场地进行建设并纳入规划项目	1
		10.2.3	应用建筑信息模型（BIM）技术	1

“节地与室外环境关键技术”是绿色建筑“四节一环保”的重要组成部分，在《标准》第 4 章则变更为“场地优化与土地合理利用”，原因在于考虑医院建筑使用及环境要求的特殊性，强调医院建筑用地采用“合理的床均用地面积”和“合理的容积率”，在满足功能需求和环境需求的前提下实现节地目标，而不是单纯强调“节地”。

在医院建设项目初期的建筑布局和平面设计阶段，充分结合建设用地的自然环境和气候特点，最大限度地为建筑物、医疗用房提供良好的日照和自然采光、通风条件，不仅符合医院建筑对卫生条件的要求，降低院内感染风险，促进患者康复，还有利于降低建筑的运行能耗，从根本上达到绿色医院建筑节能、环保的要求。

控制项条文，属于评审绿色医院建筑必须做到条文，本章节的控制项条文，对医院提出了新要求，即在设计阶段，就应一次性考虑到所有污染源控制，包括放射性污水、电磁波污染、医疗废物影响、放射性危害的处理等方面。所有上述内容均应同步设计、同步施工、同步验收。

（二）节能与能源利用

《标准》第 5 章“节能与能源利用”分两节，其中标准控制项包括 5 个评价条文，标准评分项包括围护结构热工性能、建筑设备设施系统、可再生能源及空气热泵利用 3 个部分内容共 8 个评价条文。此外，对应于此章，第 10 章“创新”还有加分项两个条文，提出更高要求，共涉及 15 个评价条文。该章对各类技术指标评分值的规定如表 2—4 所示。

表 2-4 “节能与能源利用”一章各类技术指标评分值

条文类型		条文编号	条文内容	条文分值
控制项		5.1.1	建筑能耗进行分区计量	达标
		5.1.2	用能建筑设备能效指标	达标
		5.1.3	不采用电热设备和器件	达标
		5.1.4	照明功率密度值不高于国家标准现行值	达标
		5.1.5	建筑设备和设施系统调试	达标
评分项	围护结构	5.2.1	围护结构热工性能指标	10
	建筑设备设施系统	5.2.2	建筑能耗分区和分项计量	16
		5.2.3	用能系统输配能耗降低	9
		5.2.4	建筑设备能效指标	15
		5.2.5	房间或场所照明功率密度值	15
		5.2.6	建筑设备系统节能运行措施	15
	能源利用	5.2.7	可再生能源及空气源热泵利用	10
		5.2.8	能耗或能耗费用降低	10
加分项		10.2.4	暖通空调一次能源利用比参照建筑节能 25%	1
		10.2.5	建筑设备和设施系统调试	1

从绿色医院建筑各类评价指标的权重来看，无论在设计阶段还是在运行阶段，“节能与能源利用”评分权重在所有指标类别中位列第一，是《标准》中非常重要的部分。在条文设置上充分考虑了建筑节能率的各方面贡献，以及建筑中各用能系统的设计和运行，体现出全面的系统性，并兼顾了客观性和可操作性。

建筑设备、设施系统包括建筑公共配套工程、设施中的暖通空调、室内外照明、机电设备以及供水、供电、供气等系统。医院为功能性民用建筑，用电设备较多，用电负荷以空调系统、照明为主，其中空调用电约占 45%~55%，照明用电约占 30%，动力用电（包括医疗设备）约占 15%~25%，医疗设备用电所占比例很小。因此暖通空调系统和照明系统节能设计的重要性不言而喻，是绿色医院建筑节能设计的重中之重。

建筑围护结构的热工性能对建筑暖通空调系统的负荷和能耗有很大影响，是暖通空调系统节能降耗的基础；合理利用可再生能源及空气源热泵，也是为了减少空调、照明、热水等系统对能源的需求，达到节能目的；建筑设备能效指标以及能耗分区、分项计量，则是“运行管理”的基础和手段，需要在规划设计阶段给予足够重视。尤其是我国很多地方均已将建设大型公共建筑能耗监测系统纳入立法性文件，监测范围包含水、电、气、热等各类用能类型；还有些地方已经将存在生活热水需求的大型公共建筑，设置太阳能热水纳入立法性文件。以上这些地方的政策动态均应引起重视。

（三）节水与水资源利用

《标准》第 6 章“节水与水资源利用”分两节，其中标准控制项包括 3 个评价条文，标准评分项包括节水系统、节水器具与设备、非传统水源利用 3 个部分内容共 11 个评价条文。此外，对应于此章，第 10 章“创新”还有加分项 2 个条文，提出更高要求，共涉及 16 个评价条文。该章对各类技术指标评分值的规定如表 2—5 所示。

表 2-5 “节水与水资源利用”一章各类技术指标评分值

条文类型		条文编号	条文内容	条文分值
控制项		6.1.1	制定水资源利用方案	达标
		6.1.2	设置合理、完善、安全的给排水系统	达标
		6.1.3	采用节水器具	达标
评分项	节水系统	6.2.1	建筑平均日用水量	10
		6.2.2	避免管网漏损的措施	7
		6.2.3	给水系统无超压出流现象	8
		6.2.4	设置用水计量装置	10
	节水器具与设备	6.2.5	使用较高用水效率等级的卫生器具	10
		6.2.6	采用节水灌溉方式	10
		6.2.7	集中空调的循环冷却水系统采用节水技术	10
		6.2.8	其他用水采用了节水技术或措施	5
	非传统水源利用	6.2.9	合理利用优质杂排水	10
		6.2.10	生活杂用水采用非传统水源	10
		6.2.11	结合雨水利用设施进行景观水体设计	10
加分项		10.2.6	卫生器具的用水效率等级均达到国家现行有关标准规定的 1 级	1
		10.2.7	冷却水补水使用雨水等非传统水源	1

在该章中，强调的是对水资源的合理利用，从“减少市政用水”和“利用非传统水源”两个方面对绿色医院建筑节水提出更高要求。在保证医疗安全的基础上，提倡高效用水及采取节水措施、节水器具，更鼓励采取污水分流、雨水回用、中水处理等节水技术，合理利用优质杂排水。

在绿色医院建筑节能设计和实施阶段，应根据医院建筑地点的供水水源特点，因地制宜，抽取河水进行初步处理后作为冲厕用水、绿化用水，或将区域内的优质杂排水或雨水进行回收、处理、再利用，从而实现社会、经济和环境的效益最大化。

（四）节材与材料资源利用

《标准》第 7 章“节材与材料资源利用”分两节，其中标准控制项包括 3 个评价条文，标准评分项包括选材方案和施工方案两个部分内容共 12 个评价条文。此外，对应于此章，第 10 章“创新”还有加分项 1 个条文，提出更高要求，共涉及 16 个评价条文。该章对各类技术指标评分值的规定如表 2—6 所示。

表 2-6　“节材与材料资源利用”一章各类技术指标评分值

<table>
<tr><th colspan="2">条文类型</th><th>条文编号</th><th>条文内容</th><th>条文分值</th></tr>
<tr><td colspan="2" rowspan="3">控制项</td><td>7.1.1</td><td>禁止使用或限制使用的建筑材料及制品</td><td>达标</td></tr>
<tr><td>7.1.2</td><td>混凝土结构中梁、柱纵向受力钢筋应用</td><td>达标</td></tr>
<tr><td>7.1.3</td><td>建筑造型要素应简约，无大量装饰性构件</td><td>达标</td></tr>
<tr><td rowspan="12">评分项</td><td rowspan="10">选材方案</td><td>7.2.1</td><td>本地化建材使用要求</td><td>10</td></tr>
<tr><td>7.2.2</td><td>现浇混凝土使用预拌混凝土</td><td>10</td></tr>
<tr><td>7.2.3</td><td>建筑砂浆采用预拌砂浆</td><td>10</td></tr>
<tr><td>7.2.4</td><td>合理采用高强建筑结构材料</td><td>10</td></tr>
<tr><td>7.2.5</td><td>合理采用高耐久性建筑结构材料</td><td>5</td></tr>
<tr><td>7.2.6</td><td>室内装修材料的选择要求</td><td>10</td></tr>
<tr><td>7.2.7</td><td>公共部位土建与装修一体化设计</td><td>10</td></tr>
<tr><td>7.2.8</td><td>可重复使用的隔断（墙）</td><td>5</td></tr>
<tr><td>7.2.9</td><td>可再利用、可再循环的建筑材料使用</td><td>10</td></tr>
<tr><td>7.2.10</td><td>以废弃物为原料生产的建筑材料使用</td><td>5</td></tr>
<tr><td rowspan="2">节水器具与设备</td><td>7.2.11</td><td>制订施工节材方案、节材措施</td><td>10</td></tr>
<tr><td>7.2.12</td><td>采用一种资源消耗和环境影响小的建筑结构体系或建造方式</td><td>5</td></tr>
<tr><td colspan="2">加分项</td><td>10.2.8</td><td>新型建筑材料使用</td><td>1</td></tr>
</table>

在该章中，围绕节材设计和材料选用两方面展开，并兼顾施工节材和新型建筑材料的要求。建筑材料是建筑的载体，是建筑的物质基础和基本元素，在保证医疗安全的基础上，提倡选择低消耗、低能耗、低排放、无污染、多功能、可循

环利用的绿色建筑材料，使医院的全寿命过程中减少对资源、能源的消耗，降低环境负荷，实现绿色、可持续发展。

医疗技术和医学模式的演进对医院建筑有巨大影响。随着医疗技术和医学模式的更新和发展，在医院建筑全寿命周期内，改建、扩建需求不可避免。考虑到这一特点，本章提倡对医院建筑公共部位（走廊、大厅、中庭等）和特殊医疗用房（放射诊疗、洁净手术室、消毒供应室等）的土建和装修进行一体化设计，尽量避免返工造成的浪费及二次污染，同时提倡采用可再利用、可再循环的建筑材料和可重复使用的隔断，以利于日后的改建、扩建。

（五）室内环境质量

《标准》第 8 章“室内环境质量”分两节，其中标准控制项包括 7 个评价条文，标准评分项包括声环境、光环境、热环境、空气品质和人性化设计 5 个部分内容共 14 个评价条文。此外，对应于此章，第 10 章“创新”还有加分项 3 个条文，提出更高要求，共涉及 24 个评价条文。该章对各类技术指标评分值的规定如表 2—7 所示。

表 2-7 “室内环境质量”一章各类技术指标评分值

条文类型		条文编号	条文内容	条文分值
控制项		8.1.1	室内允许噪声级、维护结构构件的隔声性能	达标
		8.1.2	室内照度、统一眩光值和一般显色指数	达标
		8.1.3	建筑围护结构内表面无结露、发霉现象	达标
		8.1.4	室内温度、相对湿度、风速等参数	达标
		8.1.5	保障室内新风量的通风措施、风量调节等满足要求	达标
		8.1.6	室内有害气体、污染物浓度符合标准要求	达标
		8.1.7	医院导向标识设计具有科学性，考虑人性化	达标
评分项	声环境	8.2.1	主要功能房间的室内噪声级	10
		8.2.2	主要功能房间的隔墙、楼板、门窗的隔声性能	10
	光环境	8.2.3	主要功能空间的采光系数	6
		8.2.4	病房、诊室等房间可获得良好的室外景观比例	8
		8.2.5	室内或地下空间的自然采光效果	8

（续）　　表 2-7 “室内环境质量”一章各类技术指标评分值

条文类型		条文编号	条文内容	条文分值
评分项	热环境	8.2.6	加强室内热环境的可控性措施	10
		8.2.7	可调节遮阳措施的面积比例	8
	空气品质	8.2.8	净化过滤设备	6
		8.2.9	废气排放系统设置	5
		8.2.10	新风系统过滤净化设施设置	6
		8.2.11	室内空气质量监控系统设置	7
	人性化设计	8.2.12	优化医院平面布局	7
		8.2.13	人性化设计	5
		8.2.14	医院建筑室内色彩运用	4
加分项		10.2.9	对建筑围护结构进行优化设计	1
		10.2.10	采取有效的空气处理措施、空气监测系统	1
		10.2.11	采用有利于院内物流细分的技术和设备	1

从绿色医院建筑各类评价指标的数量来看，本章参评项条文共 24 个，在所有指标类别中位列第一，是《标准》中非常重要的部分。在条文设置上，控制项衔接了现有“绿色建筑”国标中的强条。对于声环境，避免室外噪声对室内环境的影响是关键，也要注意医院自身的噪声源对外界的影响；对于光环境，要利用自然日照，提高采光效率，兼顾视野景观；对于热环境，既要获得有利的自然日照、通风，又要避免有害日照，同时注重与“节能与能源利用”一章的衔接，提高室内热舒适度，降低供暖、空调能耗；对于室内空气质量，则要重点关注新风、回风的过滤净化，有害排风的过滤消毒和空气监测措施，同时充分利用自然通风条件。而建筑围护结构优化设计，是灵活运用、调节自然日照、采光、通风的有效手段，对改善声环境、光环境、热环境、室内空气质量乃至建筑景观均具有重要作用。

除了一般建筑中对于声环境、光环境、热环境以及室内空气质量的要求外，针对医院建筑的特殊性，增加了人性化设计要求，包括优化医院平面布局、医院建筑室内色彩运用等，营造出舒适、愉悦的室内环境，以满足医患双方生理、心理和社会需求。总之，绿色医院建筑首先应该是环境友好建筑，应重视节能与室内环境的矛盾，协调好两者之间的关系，把室内环境质量放在第一位。

在绿色建筑评审中，经常有项目由于无法满足楼板的撞击声隔声量而无法通过绿建评审。医院建筑同样具有声环境需求，甚至高于常规的公共建筑。因此，在设计时，需提前对楼板的撞击声隔声量进行考虑，避免楼上活动对楼下病患产生噪声干扰。

（六）运行管理

《标准》第 9 章“运行管理”分两节，其中标准控制项包括 3 个评价条文，标准评分项包括组织架构、环境保护、日常管理 3 个部分内容共 12 个评价条文。此外，对应于此章，第 10 章“创新”还有加分项 1 个条文，提出更高要求，共涉及 16 个评价条文。该章对各类技术指标评分值的规定如表 2—8 所示。

表 2-8 “运行管理”一章各类技术指标评分值

<table>
<tr><th colspan="2">条文类型</th><th>条文编号</th><th>条文内容</th><th>条文分值</th></tr>
<tr><td colspan="2" rowspan="3">控制项</td><td>9.1.1</td><td>完整的档案资料和运行、维护记录</td><td>达标</td></tr>
<tr><td>9.1.2</td><td>进行日常维护和检测，并保证各类指标达标</td><td>达标</td></tr>
<tr><td>9.1.3</td><td>制定“四节一环保”管理制度，并贯彻执行</td><td>达标</td></tr>
<tr><td rowspan="12">评分项</td><td rowspan="2">组织架构</td><td>9.2.1</td><td>组织领导和宣传培训</td><td>10</td></tr>
<tr><td>9.2.2</td><td>管理体系认证</td><td>10</td></tr>
<tr><td rowspan="3">环境保护</td><td>9.2.3</td><td>保护原有自然环境</td><td>6</td></tr>
<tr><td>9.2.4</td><td>室外休息区域设施和环境</td><td>4</td></tr>
<tr><td>9.2.5</td><td>绿色出行</td><td>10</td></tr>
<tr><td rowspan="7">日常管理</td><td>9.2.6</td><td>设施、设备运行计划</td><td>5</td></tr>
<tr><td>9.2.7</td><td>建筑智能化系统</td><td>5</td></tr>
<tr><td>9.2.8</td><td>能源、资源消耗计量、审计、考核</td><td>20</td></tr>
<tr><td>9.2.9</td><td>设施、设备维护和节能改造</td><td>4</td></tr>
<tr><td>9.2.10</td><td>危险化学品管理</td><td>6</td></tr>
<tr><td>9.2.11</td><td>医疗废物和非医疗废物控制</td><td>8</td></tr>
<tr><td>9.2.12</td><td>施工影响控制</td><td>12</td></tr>
<tr><td colspan="2">加分项</td><td>10.2.12</td><td>开展管理创新，提高医院建筑运行效率</td><td>1</td></tr>
</table>

近年来，绿色医院逐渐成为医院建设和发展的大趋势。绿色环境、绿色建筑物和绿色配套设备、设施是绿色医院建设的物质基础，运行管理则是绿色医院建设的关键，是绿色医院可持续发展的根本保障。而信息技术的发展则从信息形态、空间范围、管理功能、操作应用等多个方面为绿色医院建设管理和运行管理提供了技术支撑。

医院要建立管理制度，完善管理体系，制订设备、设施运行计划，充分运用建筑智能化系统、能源分类分项计量等信息化技术，进行持续管理和持续改进，实现低成本、高效益、低投入、高产出、低排放、高效能的绿色理念，有效降低医院运行成本，提高医疗水平、服务质量和运行效率，从而增强医院核心竞争力，推动医院的可持续发展。

参考文献

［1］辛衍涛．绿色医院建设给医院管理带来的新挑战［C］．医院建筑设计及装备国际研讨会暨展示会，2010.

［2］辛衍涛．推进生态文明建设绿色医院［J］．中国医院管理，2013，33（4）：3-5.

［3］郝晓赛，董强．基于中外比较的中国绿色医院建筑发展需求与困境分析——以英国、荷兰与德国为例［J］．城市住宅，2015（5）．

［4］郝晓赛．从“Best Buy”到“Nucleus”医院模式：英国经济型医院建筑设计演进与启示［J］．城市建筑，2014（9）：13.

［5］刘芳，潘迪．绿色医院建筑设计概述［J］．中国医院建筑与装备，2012（03）．

［6］中华人民共和国住房和城乡建设部，中华人民共和国国家质量监督检验检疫总局．绿色医院建筑评价标准：GB/T 51153—2015［S］．北京：中国计划出版社，2016.

［7］中华人民共和国住房和城乡建设部，中华人民共和国国家质量监督检验检疫总局．绿色建筑评价标准：GB/T 50378—2014［S］．北京：中国建筑工业出版社，2014.

［8］马怀庆．绿色医院的建设探讨［J］．中国医院建筑与装备，2013，14（9）：86-87.

［9］A Green Hospital “A Global Approach”［EB/OL］．（2012-05-03）［2017-11-10］．http://hospital 2020.org/Agreenhospital.html.

［10］徐伟，袁闪闪，曹国庆．国家标准《绿色医院建筑评价标准》GB/T 51153-2015 编制总述［J］．建设科技，2016（18）：8-10.

［11］谷建．《绿色医院建筑评价标准》分章解读——第 4 章 场地优化与土地合理利用［J］．建设科技，2016（18）：11-13.

［12］付祥钊，邓晓梅．《绿色医院建筑评价标准》分章解读——第 5 章节能与能源利用［J］．建设科技，2016（18）：14-16.

［13］赵华，张峰．《绿色医院建筑评价标准》分章解读——第 6 章 节水与水资源利用［J］．建设科技，2016（18）：17-19.

［14］韩继红，廖琳．《绿色医院建筑评价标准》分章解读——第 7 章 节材与材料资源利用［J］．建设科技，2016（18）：20-22.

［15］肖伟．《绿色医院建筑评价标准》分章解读——第 8 章 室内环境质量［J］．建设科技，2016（18）：23-25.

［16］吕晋栋，彭盼．《绿色医院建筑评价标准》分章解读——第 9 章 运行管理［J］．建设科技，2016（18）：26-28.

［17］羊轶驹，曾娜，沈敏学，等．绿色医院的国内外发展现状［J］．中南大学学报（医学版），2013，38（9）：949-953.

［18］孙甜甜，沈晋明．绿色医院建筑评价体系的研究［J］．洁净与空调技术，2010（3）：1-5.

［19］郑超伟，陈国新，罗剑宏，等．新医改形势下基层医院建筑与装备的发展需求研究（六）——公共配套工程规划建设方案［J］．中国医院建筑与装备，2017，18（10）：86-90.

［20］吕占秀，倪衡金，赵根田，等．创建“绿色医院”的思考与实践［J］．中华医院管理杂志，2003，19（12）：719-721.

［21］马中立，查丹．“绿色医院”建设的内涵研究［J］．解放军医院管理杂志，2007，15（4）：279-280.

［22］黄雅．基于文献计量学的中国绿色医院研究状况［D］．安徽医科大学硕士学位论文．2014.

第三章　绿色医院建设发展前景与展望

童学江　许蜀榕　刘鹏飞　王效磊

第一节　绿色医院建筑发展前景

来自住房和城乡建设部建筑节能与绿色建筑综合信息管理平台统计，截至2016年9月底，全国累计绿色建筑数量4515个，累计建筑面积达52291m^2；绿色医院数量92个，占全国绿色建筑总数量的2%。2006年颁布《绿色建筑评价标准》，直到4年后的2010年全国才评审通过首个二星级绿色医院建筑，直到8年后的2014年全国才评审通过首个三星级绿色医院建筑。由此可见，医院作为公共建筑中的一项重要建筑，绿色医院建筑的发展远远落后于全国其他类型绿色建筑发展。

一、现存问题

我国医院建筑目前存在两个问题：一是能耗高，二是室内环境质量差。

（一）能耗问题的改善

多数院长提出医院的电费几乎占医院盈利额的10%，还需要承担煤气、天然气等其他能耗费用。

按医院的不同类型分，综合医院单位面积年能耗达到250.18 kWh/m^2，专科医院单位面积年能耗为220.22 kWh/m^2。江浙地区某三级甲等医院单位面积年能耗达到515.83 kWh/m^2，而二级乙等医院单位面积年能耗也达到211.43 kWh/m^2。不同地区的医院单位面积年能耗也有所差别，深圳为114.90 kWh/m^2，重庆为117.80 kWh/m^2，长沙为124.30 kWh/m^2。

通过对全国首个三星级绿色医院——息烽县人民医院进行调研，息烽医院未按三星级标准建设的原有建筑单位面积年能耗为135.45 kWh/m^2，而按照三星级绿色医院建设的新综合住院大楼，单位面积年平均能耗为86.78 kWh/m^2，节能率近36%。

（二）室内环境问题

医院的室内环境问题主要体现在以下几个方面：通风不良；室内空气品质差；

通风气流组织混乱，交叉感染风险大等。

绿色医院标准中的室内环境质量章节，专门提出了解决上述问题的条款内容。

二、绿色医院建设是我国长远目标

（一）政策方针指导

在 2015 年第 21 届联合国气候变化大会上，习总书记庄严的向全世界宣告，中国将以绿色建筑、绿色交通来应对气候问题。

党的十九大上，正式确定将绿色发展作为长远目标，坚持习总书记所提出的“加强生态文明体制改革，建设美丽中国”思想，走可持续发展道路。而其中的关注点就是建立绿色的生产和生活方式，绿色的生产及生活离不开建筑，而绿色建筑正是有利支撑。

2017 年，在中央经济工作会议上，习总书记明确宣布要打好三场硬仗，其中一场就是关于环保的蓝天保卫战。习总书记在工作会上强调，打好环保战的根本问题就是如何解决新能源城市的建设问题。

医院建筑作为公共建筑，绿色医院是必然趋势。只有建设绿色医院、使用绿色医院，才能在医院能源节约和污染的控制占据主动。对于绿色医院建筑行业而言，这将是一个大机遇。

（二）十三五规划明确

2016 年，《国民经济和社会发展第十三个五年规划纲要》获表决通过并正式发布，明确要求“实施建筑能效提升和绿色建筑全产业链发展计划”。为进一步落实规划纲要要求，住房和城乡建设部随后印发《住房城乡建设事业“十三五”规划纲要》。“绿色低碳、智能高效”是该文件提出的六大原则之一，要求走绿色优先、集约节约、高效便捷、特色彰显的城镇化发展之路，要求建设绿色城市，发展绿色建筑、绿色建材，大力强化建筑节能。在“十二五”期间《绿色建筑行动方案》到 2015 年末 20% 的城镇新建建筑达到绿色建筑标准要求的基础之上，纲要为“十三五”时期设定了到 2020 年城镇新建建筑中绿色建筑推广比例超过 50% 的主要目标。纲要提出“全面推进绿色建筑发展”，有以下几点涉及医院建设。

（1）实施绿色建筑推广目标考核管理机制，建立绿色建筑进展定期报告及考核制度。

（2）加大绿色建筑强制推广力度，逐步实现东部地区省市全面执行绿色建筑标准，中部地区省会城市及重点城市、西部地区重点城市强制执行绿色建筑标准。

（3）强化绿色建筑质量管理，鼓励各地采用绿色建筑标准开展施工图审查、施工、竣工验收，逐步将执行绿色建筑标准纳入工程管理程序。

（4）完善绿色建筑评价体系，加大评价标识推进力度，强化对绿色建筑运行标识的引导，加强对标识项目建设情况的跟踪管理。

（5）推进绿色建筑全产业链发展，以绿色建筑设计标准为抓手，推广应用绿色建筑新技术、新产品。

（6）在建造环节，加大绿色施工技术和绿色建材推广应用力度，在建筑运行环节推广绿色运营模式，发展绿色物业。

三、以医院使用者视角创建新标准体系

（一）以使用者为核心

根据住房和城乡建设部工作要求，中国建筑科学研究院等单位于 2018 年 2 月启动了《绿色建筑评价标准》修订工作。《绿色医院建筑评价标准》（GB 51153）是以《绿色建筑评价标准》（GB/T 50378）为母标准，后续也将会同步升级及提升。

新标准的修订思路主要贯彻以人为本，从使用者视角设计新的评价指标体系，更加凸显医院建筑的安全、耐久、便捷、健康、高效、可持续发展等内容。

从全生命期角度，标准在现存主要阶段的基础上再细分深入，为设计阶段的施工图审查、施工阶段的竣工验收、运行阶段的检测、调试等重点环节和工作提供支持。从性能要求角度，在现有规定基础上进一步提高指标和发展延伸，由节

能提高到被动式超低能耗，由室内外环境提高到人员身心健康，使建筑绿色性能更加提升和丰富。

（二）内涵及品质双提升

新标准的修订要求，绿色医院建筑的评价将放到建筑工程竣工验收后进行，这将促使我国绿色医院建设不能只停留在设计阶段，而是落实到实际项目中。标准在促进绿色技术措施落地的前提下，还将提高绿色建筑的运行实效，促使医院建筑在建设、运行过程中都充分汲取建筑科技发展过程中产生的新技术、新理念。

技术内容主要针对建筑设计、施工、运行等主要阶段，对于建筑全生命期内的建材产品生产、室内装饰装修、建筑改扩建、拆除回收等也有所体现并将加强。对于标准所涉及的多个环节、多方面技术也可进一步有机集成，形成产业新的增长点，如兼具节材、节地、绿色施工等效果的装配式建筑。更进一步，标准所涉及技术还可带动和融入相关行业产业创新，如多项技术所需开展的模拟均可借助BIM及其平台和工具实现，实现信息产业与建筑业的深度融合；又如标准提出的质量、环境、职业健康安全、能源管理体系等要求。

四、绿色意识持续推进

未来中国绿色医院建筑的发展，必然是按“浅绿→深绿→泛绿”的轨迹发展。“浅绿”阶段关注的是技术，对技术的效果和经济性关注不够。“深绿”阶段则在技术应用上开始认真研究适用性问题，设计单位开始注重对技术的掌握和了解，整个建筑系统的环保和节能逐渐真正地显现出来。在“泛绿”阶段，绿色理念将融入规划、设计、施工、运营、管理、个人行为和政策等各个方面。

绿色医院的建设是一个多方集成合作的成果，不是一旦建成就结束，是全生命周期的“绿色”，才能称作一个绿色医院建筑项目。在医院全生命周期内涉及人，已经逐步具有绿色意识，这是一个绿色医院建设非常关键而有效的因素。

（一）绿色医院建设者

医院建设者通常包括建设方（代建方）、监理方和施工方。其中，建设方是主体，在项目建设过程中，始终是决策者和总协调人。医院的建设者在医院项目立项、定位、实施上起到至关重要的作用。绿色医院建设者负责统筹管理，调动参建人员绿色建设与管理的积极性。

规划设计阶段的决策者要拥有绿色意识、绿色责任和绿色决心，设计方案的完善阶段，是对建设方决策层绿色意志的检验。建设方多数时候也是医院的未来使用方，可以站在临床、全院、医院未来发展的角度思考问题，站在绿色发展的社会大背景来思考问题。

落实到图纸中的绿色技术，在实施过程中需要建设方、监理方、施工方，各尽其责，相互监督，同心协力，确保建筑质量，确保全生命周期的绿色。

（二）绿色医院设计者

医院设计师区别于其他民用建筑设计师，设计方案从建筑美观、医疗流程、医疗布局、人流、物流和交通流的布局等要素都要按照医院特殊要求来进行。医院设计师更需要有绿色医院建筑设计的意识。是否真正为绿色建筑，远不是以上要素所能涵盖的。

绿色医院建筑设计师通常更加关注医护人员和病人的体验；启用运行管理过程中要节能、环保、低碳；整体环境要美观、和谐；整个建筑用材和设备要安全、耐用、便于维护；建筑智能化满足医院发展要求。

（三）绿色医院运维者

绿色医院建筑启用后，如何才能在运行过程中始终保持着绿色本质，医院运维人员是关键。医院项目到了运行阶段，绿色建筑部分功能不能正常发挥，甚至基本功能丧失殆尽，最后导致绿色建筑不“绿”。绿色医院运行维护应从点滴做起，才能让它始终保持绿色的性能，发现问题及时解决，确保所有设备能正常运行。

（四）绿色医院使用者

绿色医院的使用者有病患、家属、医护工作者及工勤人员等。如今，全国大力倡导绿色建筑，多数医护工作者获得了学习绿色医院知识的机会，医院内也常年开展部门能耗核算等评比工作，促使医护工作者拥有绿色意识，从点滴生活小事做起，保持行为绿色；甚至多数人还充当绿色宣传员，向病患及病患家属宣传绿色建筑的使用及优势。

第二节　绿色医院建筑发展趋势

由于绿色医院涵盖内容范围较广，所以目前国内外尚无统一定义，但普遍认为绿色医院包括四个方面：绿色医院建筑、绿色医疗、患者安全、医患和谐。本文仅针对“绿色医院建筑”的发展趋势展开初步探讨。

一、“以人为本”的绿色医院建设

（一）绿色医院评价标准的要求更高和更适用

原有绿色医院建筑评价的依据是《绿色建筑评价标准》，但由于医院建筑的特殊性：安全性能要求高，能耗种类多，能耗普遍高于一般公共建筑，医疗流程复杂及运行管理复杂等特点。为了更适合绿色医院建筑的评价，国家出台了《绿色医院建筑评价标准》。该标准遵循我国绿色建筑评价体系，重点突出医院建筑的特性，体现过程控制，同时将系统性和可操作性相结合。该标准的出台有利于绿色医院建筑的专业化发展。

（二）绿色医院创建向更务实的方向发展

绿色医院在前期发展中，存在比较普遍的问题是，为了达到绿色标准的要求，简单地将各种节能技术进行堆砌，可能导致前期投资高，后期出现部分节能技术措施不适用、运行效果不理想或能耗偏高等现象。目前在绿色医院创建中，医院的业主单位在专业咨询机构的帮助下，会更理性地依据项目功能需求、当地气候特点、运营效果和投资预算来确定目标星级，对各种节能技术进行建筑全寿命可行性分析，使各种节能技术与绿色医院的最终运营效果有机结合，推动绿色医院向更务实的方向发展。

（三）绿色医院建筑专业咨询机构涌现

绿色医院建筑的大规模建设，涌现出一批专业的绿色医院建筑咨询机构和医疗工艺流程咨询机构，为行业的发展提供了智力支持，与传统的医院建设各参与方产生化学反应，让绿色医院建筑这个“新物种”能真正落地，推动行业的健康及可持续发展。

二、绿色施工及运维

前期的绿色医院建设，大部分项目重视设计阶段的绿色达标，还是传统的施工及运行管理，各环节产生的“漏斗效应”最终导致了绿色医院的各种优点和效果体现不充分，被称为“浅绿”。现在绿色医院的建设趋势是在前期设计阶段绿色达标的基础上，强化绿色施工、绿色运维，真正形成绿色医院建筑创建的全寿命周期覆盖与管控。

（一）绿色设计与绿色施工

绿色设计阶段不是简单的“对标”，不是让图纸通过专家评审就达到目的，而是需要专业的绿色医院建筑咨询机构和医疗工艺流程咨询机构的参与，使设计图纸在建筑本身层面和医疗工艺流程需求上达到绿色医院建筑标准的要求，为绿色医院建筑的创建奠定坚实基础。

在前期绿色设计的基础上，要严格控制绿色施工。首先，严格按图施工，对涉及绿色医院建筑标准要求的变更，在专业绿色医院建筑咨询机构的帮助下充分论证，再作决策，防止在设计图纸这个源头上出现偏移。其次，对采购的各项材料和设备严格审核，不满足绿色医院建筑标准参数要求的设备材料要严格把控。最后，施工过程本身要满足绿色施工的要求，施工现场的“四节一环保”要落实到日常施工过程中。施工过程的规范是绿色施工能落地的保障。

（二）绿色医院运行维护模式

我国医院后勤服务工作起步较晚，但发展迅速。1992 年开始出现内部承包制，即医院内部自行成立后勤服务系统，并依照企业的管理模式进行管理，管理能力及服务水平有明显提升。1995 年，社会化企业开始进入医院后勤服务领域，医院将部分工作如医院锅炉房、被服清洗、卫生清洁、维修、警卫等交由社会上具有资质的企业负责，这一改革极大促进了医院后勤服务能力及后勤服务质量的整体提升。

绿色医院的运行维护就是对建筑实施管理的阶段，管理则是实现建筑运行节能的关键因素。管理既包括对设备、系统的管理，还包括对院内人员的管理。所制定的管理制度也需兼顾控制策略与院内人员需要，在确定以何种方式实现节能的同时，不以牺牲人们的健康、安全、舒适为代价。

后期运营管理，积极推动社会化外包，依靠各专业分包对医院各系统进行运营管理，外部专业机构去建立各子系统的运行管理制度和操作手册，达到系统设计参数要求，院方的管理团队只需要做好监督和考核管理，确保绿色医院建筑的运营管理达到标准要求。

（三）智慧运维

随着信息化与工业化、城镇化、传统产业的快速融合发展，绿色建筑的“智能化”正在到来，要在建筑实际运行一两年后，实地考察其耗电量、居住舒适度等指标，最终根据使用效果形成一个清晰的评估，用这种方法指导医院运行维护会简单得多，也会使建筑更加节能和绿色。

《绿色医院建筑评价标准》中的运行管理章节、创新加分项，有条文提出了智能管理的要求，如表 3—1 所示。

表 3—1 《绿色医院建筑评价标准》（GB 51153—2016）中对智能运行的要求

条文编号	条文内容
9.2.6	根据功能需要制订科学、合理的设施、设备运行计划，并贯彻实施
9.2.7	建筑是能和系统定位合理，网络功能完善，除满足医疗服务的需求之外，还能对设施、设备的运行情况进行监控
10.2.3	应用建筑信息模型（BIM）技术，进行设计、施工、运行管理

之前受制于技术发展水平，数据获取困难，建筑节能管理定量化很难实现。随着技术的发展，借助大数据技术实现了建筑的数字化，然后在数字化的平台上可实现一些定量的、深入的分析管理工作，使医院的运行维护更高效。

随着互联网、大数据与医院管理的融合，将产生建筑节能、绿色运行的创新模式。医院建筑运行管理如通过数据公开与共享，融合成互联网大数据，让信息数据在市场中流动起来，也将成为可实现的发展趋势。

三、BIM与绿色医院

建筑信息模型（Building Information Modeling, BIM）技术是在CAD等技术基础上发展起来的多维模型信息集成技术，是二维CAD技术向三维数字化技术转变的革命性技术，是提高建筑业信息化水平、推进智慧城市建设和建筑业转型升级的基础性技术。BIM技术的应用，将极大地提升设计质量和施工管理水平，减少返工，缩短工期，提升投资效益。大型医院建筑是建设项目中较为复杂的建筑类型之一，医院建设中的节能、资源可持续利用等策略也日益被重视，而在设计阶段，对建筑使用性能及能耗等因素进行有效的分析、评估以及优化设计则尤为重要。同时，发展绿色医院建筑是在医院建设和管理运行中引进可持续发展理念的一个重要途径，已成为未来医院建筑的主要趋势。以下就从设计、施工和运维管理中介绍以下BIM技术在医院建筑中的应用。

（一）BIM技术在绿色医院设计阶段的应用

在设计阶段，以三维设计模型为基础，实现了二维图纸的模型化和可视化，数字化的模型更有助于进行结构和建筑性能分析，具体包括能耗分析、结构分析、光照分析、场地分析等。通过这些分析优化了设计，提升了建筑空间的舒适度，降低了建筑能耗；另外，基于BIM模型的错漏碰缺检查和管线综合功能，减少了因图纸问题造成的返工、窝工现象；降低了材料的浪费并提升了施工的进度。

1. 场地模拟分析

基于GIS系统构建三维测绘模型，进行场地的坡度、坡向、流域及高程等相关模拟分析；对场地进行科学性和合理性评估，提升项目平面布置合理性和项目决策效率（图 3—1）。

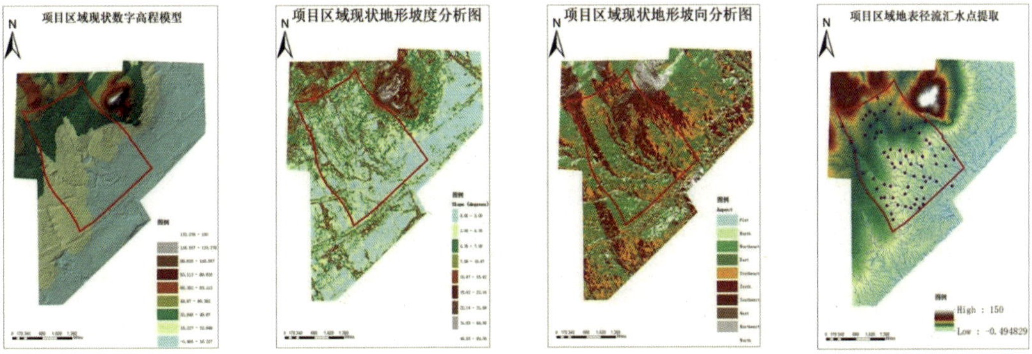

图 3-1　场地模拟分析

2. 建筑性能分析

建筑性能模拟分析主要是为提高项目的性能、质量、安全和合理性，借助相关专业性能分析软件，基于 BIM 模型，对项目的可视度、采光、通风、人员疏散、结构、节能减排等进行专项分析（图 3—2）。

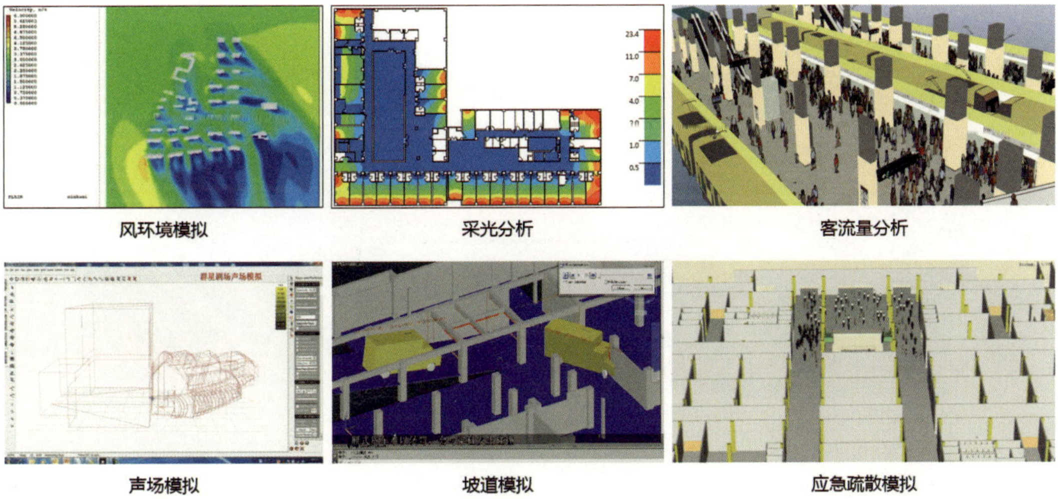

图 3-2　建筑性能分析

3. 碰撞检查

全专业 BIM 模型搭建完成后，可以通过平面、立面、剖面检查、碰撞检测等手段对各专业的设计进图面问题和专业间问题进行预建造模拟，把设计问题消除在设计阶段，可以极大提升设计的质量，减少后期因设计图纸问题引起的变更问题和工期延误问题（图 3—3、图 3—4）。

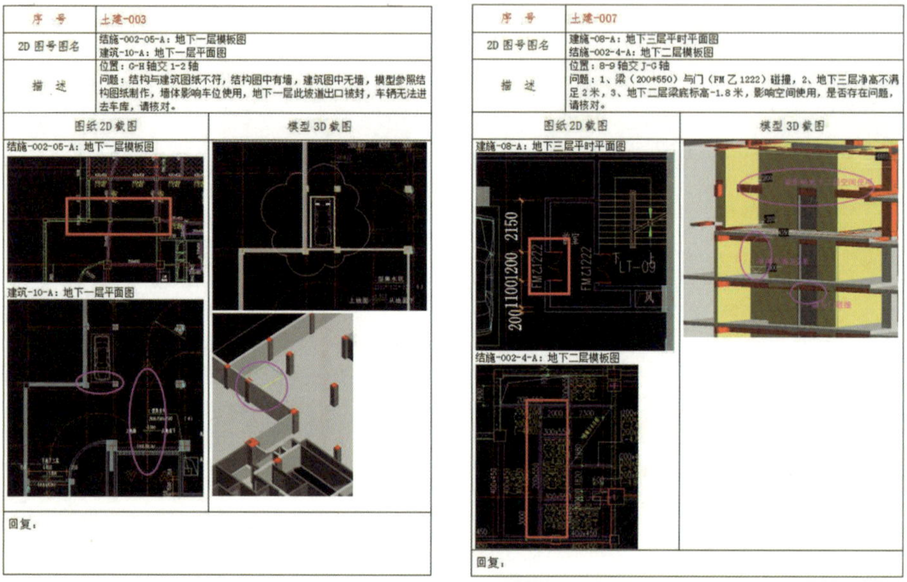

图 3-3　土建碰撞问题

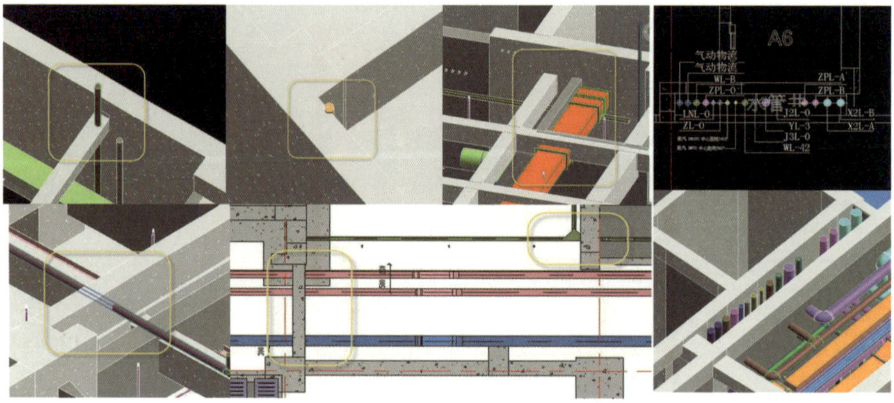

图 3-4　管线综合碰撞问题

4. 净高（空）分析

基于全专业 BIM 模型，对建筑空间进行净高或净空分析，主要解决净高（空）不足或不合理，优化建筑空间。在设计阶段提前发现重点区域空间的问题，提升建筑空间合理性和建筑品质，尤其针对医院空间更是如此（图 3—5）。

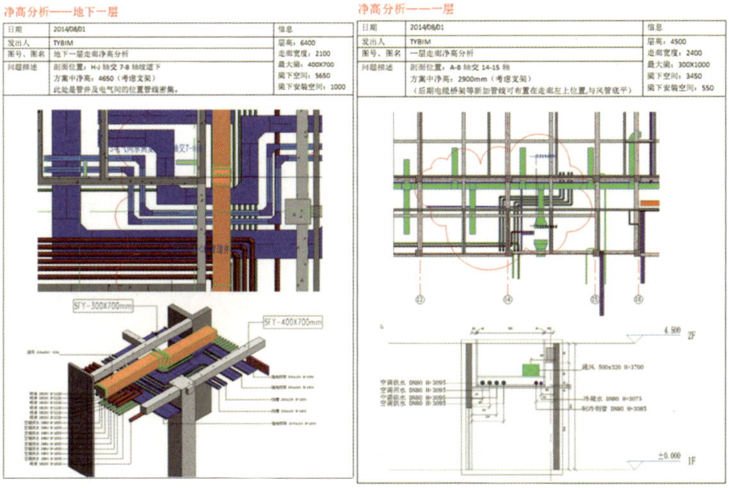

图 3-5 净高（空）分析

5. 可视化仿真模拟

对需要做样板的重要空间（如大厅、电梯间、标准病房、护士站等），基于精装施工图进行可视化仿真模拟论证，论证空间效果，及时发现空间问题和材料及专业冲突问题，便于提升决策效率，减少实体样板数量及拆改，降低工程造价（图 3—6）。

图 3-6 病房可视化仿真模拟

（二）BIM 技术在绿色医院施工阶段的应用

在施工阶段，合理布置施工场地，合理安排材料进场，对绿色施工进行管理，节约成本，减少安全隐患，提高项目效益。通过 BIM 技术应用于绿色施工管理中，实现基于 BIM 模型的三维交底以及图纸会审，避免了因图纸问题导致的大量返工；通过精准的实时工程量统计，实现项目限额领料管理；通过场地 BIM 模型模拟施工场地布置，对材料堆场及材料进出场路线实现合理规划；通过 4D 进度管理和 5D 成本采购管理，可以计算出各个阶段所需的各种周转材料，便于制订正确、科学的周转计划，合理调配资源，降低材料浪费；基于 BIM 技术的深化设计，通过其可视化特点，可以降低深化设计难度，提前发现各专业复杂节点冲突，不断优化施工图设计，并协调解决各专业施工冲突问题，有利于做好总承包管理。

1. 场地模拟分析

基于 BIM 模型，对施工场地进行科学的三维立体规划，包括生活区、加工区、物资仓库、现场材料堆放场地、安全防护设施等的布置，可以直观地反映施工现场情况，减少施工用地，方便施工人员的管理，有效减少二次搬运及事故的发生。

同时，利用 BIM 模拟施工机械车辆在临时道路上的行驶路线，进行现场道路的布置，保证大型机械车辆，如混凝土罐车、钢筋运输车辆等在施工现场的流畅出入。

另外，通过塔吊悬臂覆盖范围的三维模拟，可以更直观地分析高空作业机械对已有建筑或架空高压线等的影响（图 3—7）。

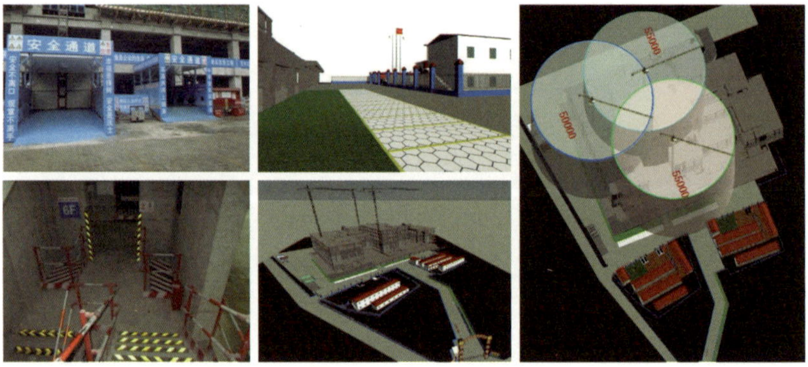

图 3-7　三维场地布置模拟

2. 机电深化设计

依据甲方要求和安装方的管线综合原则，对地下车库、公共走廊、竖向管井基于 BIM 模型进行机电深化设计工作，以满足净高、安装的要求；指导施工安装工作；管线经济性路径优化，降低成本；保证净高要求，提升安装质量和效率（图 3—8）。

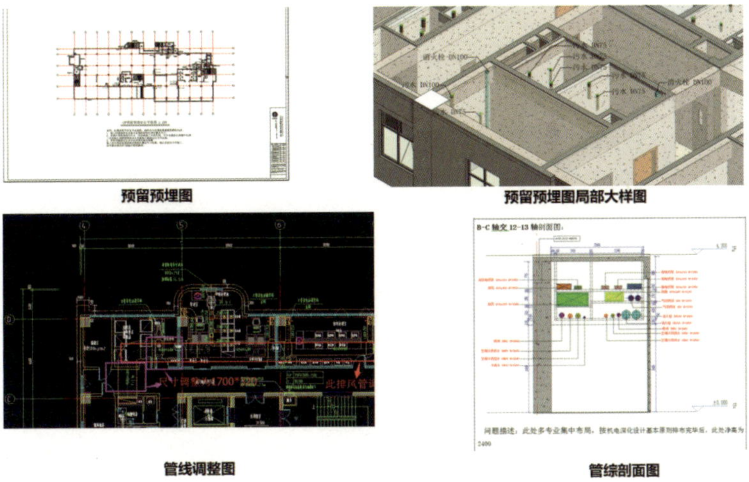

图 3-8 基于 BIM 的机电深化设计

3. 砌体深化设计

基于 BIM 模型对砌块进行排布深化设计，可有效控制砌体结构的施工质量，解决灰缝不均匀、砌体观感差等常见问题，提高砌筑施工效率和质量。同时完成砌块布置之后利用 BIM 模型可进行用料统计，形成用料加工清单，为算量以及后期采购提供参考（图 3—9）。

图 3-9 砌体深化设计

4. 专项论证

基于全专业 BIM 模型，对病房、手术室等重要功能空间进行综合性论证，主要解决空间功能不合理、不协调等问题，同时也让各方在竣工之前提前体验空间完成后的效果，最终实现设计施工的一致性，提升空间功能的合理性（图 3—10）。

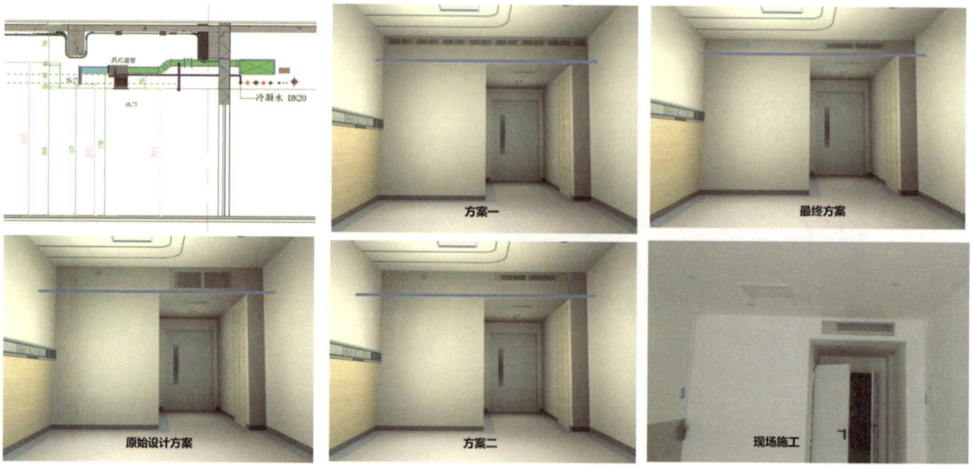

图 3-10　病房专项论证

5. 4D 进度模拟

基于 BIM 技术的 4D 进度管理：通过反复模拟施工过程，让在施工阶段可能出现的施工冲突、流程不合理等问题在模拟的环境中提前暴露，便于项目承包方提前制定应对措施，优化施工组织方案和进度排布方案；使施工方案尽量达到最优；用其指导现场施工安排可以提升施工效率，降低施工风险，及早发现进度偏差，及时对进度进行纠偏工作（图 3—11）。

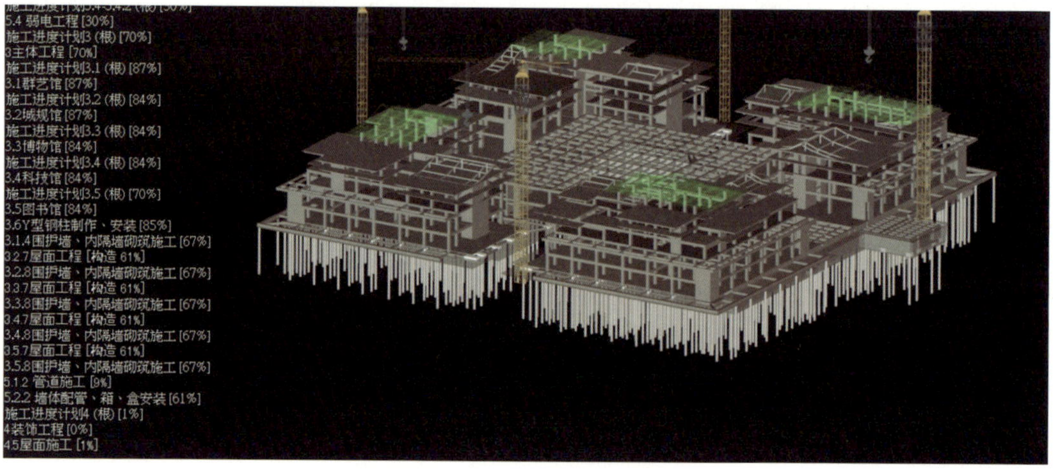

图 3-11　4D 施工进度模拟

6. 5D 材料统计

根据施工进度进行分区、分专业、分阶段的 BIM 模型量统计工作，为工期进度计划、采购计划提供参考依据；同时基于 BIM 模型的材料统计可以实现“三算”对比，辅助业主的审计工作，提升审计的效率，提高付款进度及招采效率（图 3—12）。

项目	楼层	计量子目	项目特征	计量单位	数量
结构部分					
1．混凝土工程	地下二层（含防水底板）	剪力墙	C50	m^3	1745.32
		柱	C50	m^3	294.78
		梁	C35	m^3	414.57
		板	C35	m^3	6604.08
	地下一层	剪力墙	C50	m^3	1496.25
		柱	C50	m^3	525.69
		梁	C35	m^3	479.98
		板	C35	m^3	1674.36
	一层	剪力墙	C50	m^3	43.621
		柱	C50	m^3	336.5
		梁	C35	m^3	311.3
		板	C35	m^3	420.89
	二层	剪力墙	C50	m^3	42.12
		柱	C50	m^3	338.67
		梁	C35	m^3	340.87
		板	C35	m^3	420.89
	三层	剪力墙	C50	m^3	41.603
		柱	C50	m^3	329.25
		梁	C35	m^3	295.15
		板	C35	m^3	420.89
	四层	剪力墙	C50	m^3	61.426
		柱	C50	m^3	317.04
		梁	C35	m^3	304.04
		板	C35	m^3	407.53
	五层	剪力墙	C45	m^3	60.39
		柱	C45	m^3	270.85
		梁	C35	m^3	288.06
		板	C35	m^3	386.74

图 3–12　基于 BIM 模型的材料统计

7. 基于 BIM 模型的质量管理及技术交底

基于 BIM 模型可以实现三维可视化交底以及模型现场对比工作，提升交底及验收的效率，减少因沟通或理解偏差造成的施工质量问题和返工，提升项目的质量，保证项目工期（图 3—13、图 3—14）。

Ipad平台　　三维彩色数据　　单专业管线数据

图 3–13　可视化交底

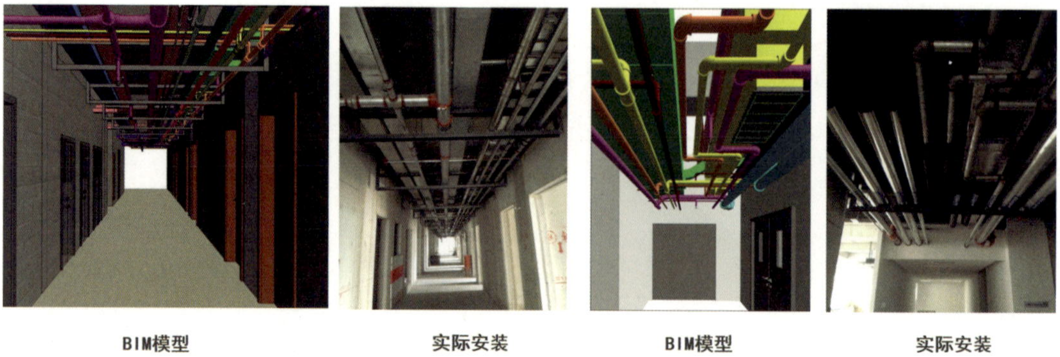

图 3-14 基于 BIM 模型的对比验收

8. 基于 BIM 云的项目管理平台

医疗项目管理 BIM 云平台作为以 BIM 为基础的项目管理平台，数字平台的诞生使项目的全生命周期各个阶段、项目的各组成部分、项目的各参建单位都实现了无缝衔接，使 BIM、GIS 技术的成果得到有效利用，实现过程跟踪、实施协同、成果有记录、责任可追溯的一个完整体系（图 3—15、图 3—16）。

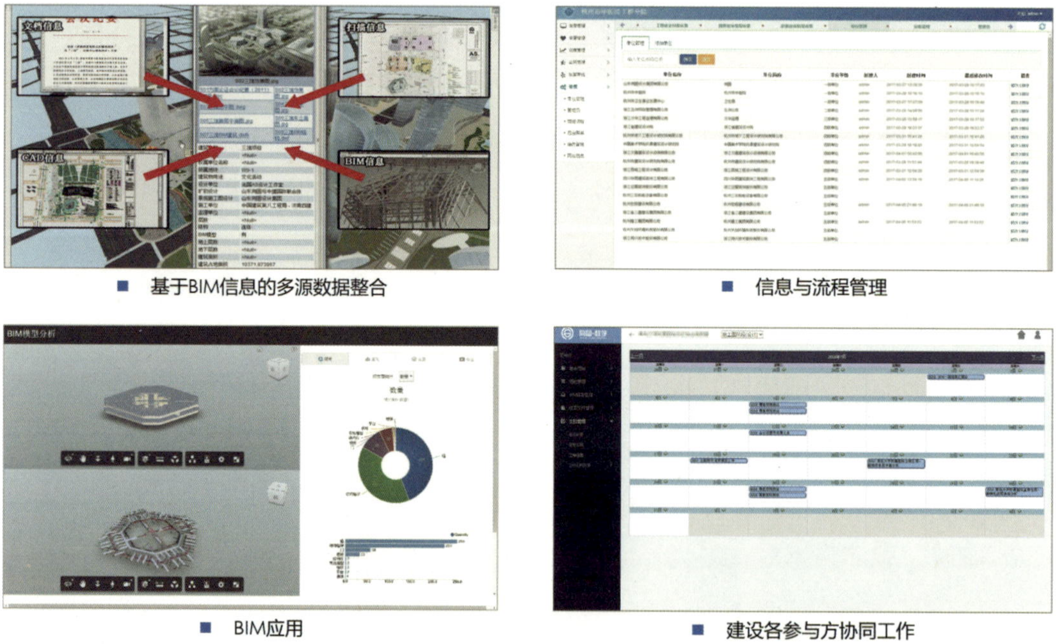

图 3-15 BIM 云项目管理平台概览

图 3-16 BIM 云项目管理平台主要功能介绍

（三）BIM 技术在绿色医院运营维护阶段的应用

BIM 云运维管理平台以 BIM 为载体，将更多的信息联系在一起，实现院方（维护者、使用者、保养者、管理者等）、设备、建筑三者之间的互联互通。通过信息表达、数据分析、性能分析、模型分析，实现医疗建筑运维阶段的智慧管理。BIM 云运维管理平台充分利用 BIM 的优势，通过综合集成的管理思想与智能化的管理手段，将整个建筑的所有实时信息与业务应用在 BIM 运维平台上进行统一管理，包括设备管理、能耗管理、维保管理、安防管理、OA 管理，从而实现建筑的稳定、安全、智能化运行。

1. 设备管理

可将设备名称、型号、参数、安装日期、使用年限、保养周期等数据录入 BIM 云运维管理系统，实现可视化设备管理和预警分析（图 3—17）。

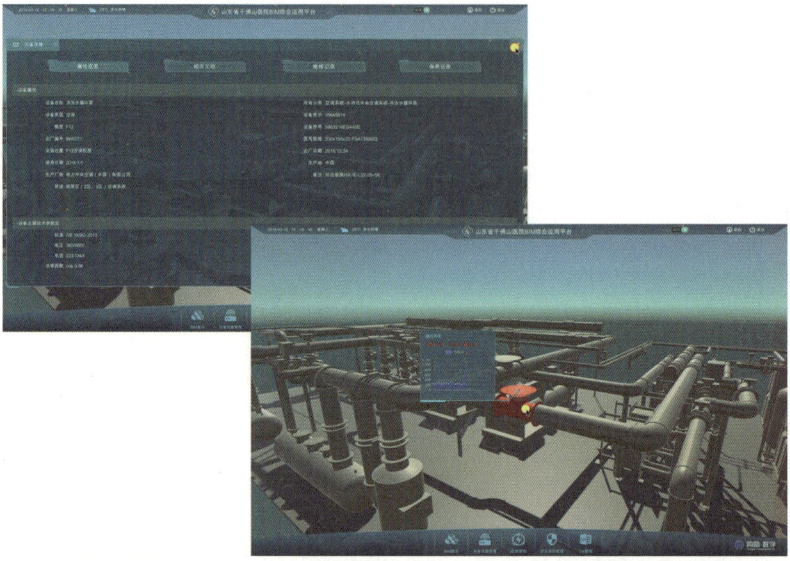

图 3-17　BIM 云运维管理平台 - 设备管理

2. 动态能耗管理

将建筑中各类传感器、探测器、仪表等测量信息与 BIM 模型构件相关联。可直观展示获取到的能耗数据（水、电、燃气等）及监控信息。依靠 BIM 模型可按照区域进行统计分析，更直观地发现能耗数据异常区域，管理人员可有针对性地对异常区域进行检查，发现可能的事故隐患或者调整能源设备的运行参数，以达到排除故障、降低能耗、维持建筑业务正常运行的目的（图 3—18）。

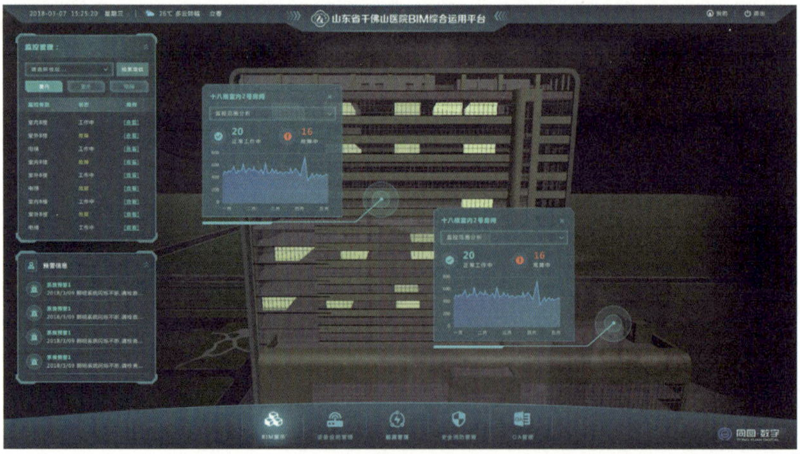

图 3-18　BIM 云运维管理平台 - 动态能耗管理

3. 维保管理

针对各类机电设备的运行状态及使用年限制订相应的维护计划，指导维修人员按流程进行操作，自动提示。同时结合手持终端二维码扫描功能，可以查看相关设备的信息并提交维保申请，遇到故障时可快速定位，提供故障设备信息以便及时更换（图 3—19）。

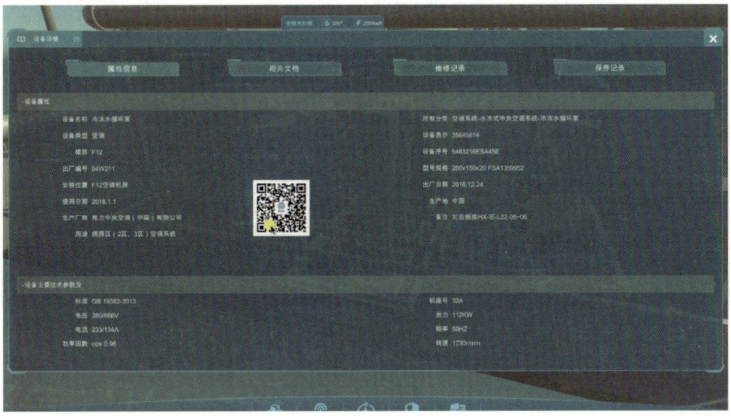

图 3-19 BIM 云运维管理平台 - 维保管理

4. 安防管理

基于 BIM 云运维管理平台可以实现可视化应急预案管理，如事先制订应急预案，应对火灾、洪水、物体打击、触电等事故。同时对监控设备的管理，摄像设备与 BIM 虚拟场景相结合，用户有直观的位置对应关系，可快速定位摄像机位置，并及时调阅监控内容（图 3—20、图 3—21）。

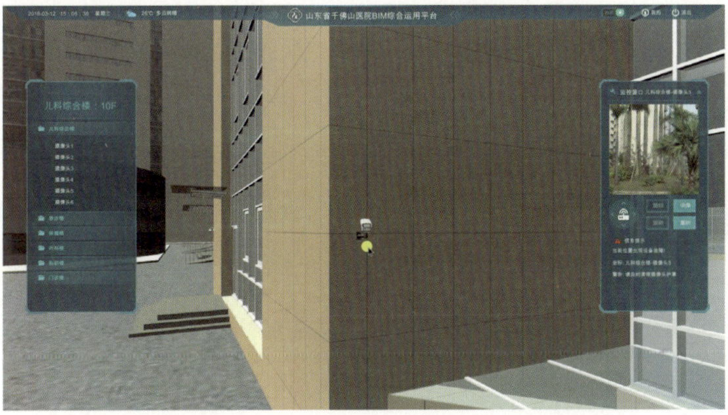

图 3-20 BIM 云运维管理平台安防管理（实时监控）

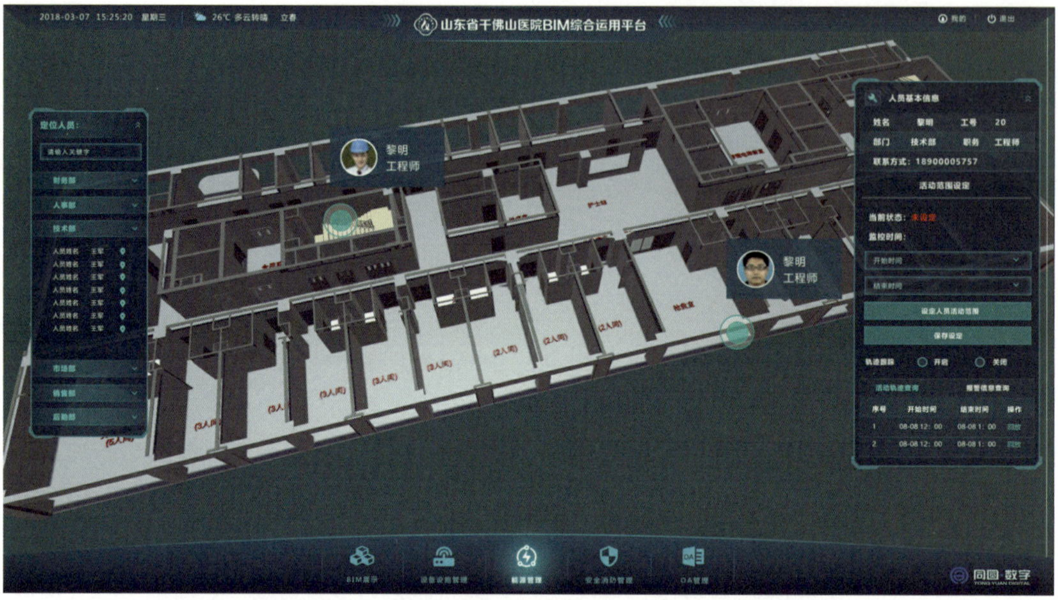

图 3-21 BIM 云运维管理平台安防管理（人员定位管理）

四、个性化、地域性的绿色医院建设

国家在颁布《绿色建筑评价标准》（GB 50378—2014）的同时，提倡各个地区依据实际情况出台适宜的地方绿色建筑标准，有条件的区域出台对应的绿色医院建筑评价标准。

（一）个性化、地域性绿色医院的定义

个性化，顾名思义，就是非一般大众化的东西。在大众化的基础上增加独特、另类、拥有自己特质的需要。如今医院的建筑需求，不再是一成不变的按部就班的建筑需求。医院的类型从综合医院、专科医院到康复医院，每种类型医院的需求千差万别。就算同是综合医院，也有二级、三级、甲等、乙等之分。医院对建筑布局、能耗、医疗流程、用水、材料、建筑结构的需求都需要根据每个医院的实际情况及未来发展，进行个性化、定制化的策划设计。

地域性，则是指在设计中运用的形式和材料应该与当地的人文历史、自然环境、技术经济条件等相适应。地域建筑的设计注重文化、风土人情、地域自然气候。

在我国，湘西的吊脚楼、广州的骑楼、客家的围屋、游牧民族的蒙古包、徽派建筑、江南民居，无不反映了我国建筑文明的地域性。这些不同地域的建筑适应当地的气候条件，渗透当地独特的历史文化，符合人居习性和行为模式，创造出宜人的宜居环境和强烈地域特征的建筑形态。医院更应该建造符合当地地域性特色的绿色医院建筑。

（二）个性化、地域性绿色医院的关键因素

在与重庆、甘肃、江西等地方《绿色医院建筑评价标准》的主编单位交流过程中了解到，标准的编制既参考国标，又考虑地方特色。如重庆市不适宜自行车骑行，则标准编制过程中取消自行车停车措施条款。甘肃省常年降雨量较低，雨水收集利用系统几乎起不到作用，于是在节水章节，取消了雨水收集等部分的要求。地域特点的重要差异来自地形、气候、资源因素的差异。

重庆市绿色建筑评价分为设计、竣工、运行三个评价阶段，在编制《绿色医院标准》过程中，还与重庆市绿色建筑评价标准相统一，增加施工管理章节。在贵州遵义文化革命区域建设的医院，建筑外形也应该与周边文化相统一。地域的差距也体现在地域文化的差距，医院的建设应符合当地文化特殊性。

创建绿色医院建筑是医院的必然趋势，符合国家以人为本、大健康战略的发展方向，顺应了社会大众对医疗建筑品质要求不断提高的需求，也是提升医患感受和医院竞争力的重要措施。

参考文献

［1］刘丽莹，付祥钊．医院建筑用能模式及能耗评价指标研究现状［J］．建筑节能，2014，42（284）：90-94.

［2］李著萱，吕访桐．浅谈医院建筑空调设计与节能［J］．暖通空调，2009，39（4）：21-23.

［3］陆净岚，常艳新．浙江省医院建筑能耗调查及其影响因素研究［J］．建筑科学，2010，26（4）：48-56.

［4］林爱麟，李念平，周慧．长沙市某医院能耗分析及节能途径［J］．煤气与热力，2009，29（11）：A18–A21.

［5］周晓艳，刘敏．地域性绿色建筑：建筑与当地自然环境和谐共生［J］．生态经济，2010（8）：188–192.

［6］庞玉成．复杂建设项目的业主方集成管理［M］．北京：科学出版社，2016：198-200.

下篇

绿色医院建设案例深度解读

绿色医院的技术研究、标准编制、政策体系的出台等一系列投入，均是为了建设“以人为本”的医院建筑，为使用者提供安全、健康、舒适、高效的使用空间和环境，并达到节能的目的。

在上篇系统性理论分析的基础上，本篇精选全国范围内的绿色医院建筑案例进行深度解读，让读者对绿色医院有更直观、更清晰的了解和认识，为后续的绿色医院建设提供借鉴和指导。

01

贵州省息烽县人民医院

蔡显斌　万艳阳　邓晓梅　许蜀榕　丁艳蕊

一、项目概况

（一）项目简介

息烽县人民医院是集医疗、教学、预防保健、急救为一体的二级甲等综合医院，是医保、合医的定点医疗机构，是国家级爱婴医院，是息烽县孕产妇及儿童急救中心，位于息烽县永靖镇花园东路。

图 1　贵州省息烽县人民医院新建综合住院楼

贵州省息烽县人民医院自2005年建设的9060m^{2}业务综合大楼投入使用以来，加上745m^{2}传染病区，310m^{2}中心供应楼，床均业务用房面积仅为42m^2，业务用房十分紧张，病房狭窄、拥挤。为提升医院医疗环境，缓解病房拥挤的现况，息烽县人民医院拟建新的综合住院大楼。

新建综合住院大楼位于永靖镇花园东路，项目规划总建筑面积28933m^2，其中地上19530m^2，地下9403m^2，地上16层，地下2层。项目于2010年11月开工建设，2014年12月正式投入使用。

（二）项目荣誉

1. 星级绿色建筑标识

项目综合了先进的建筑节能设计理念和绿色建筑技术研究成果，集成20多项适宜的节能技术，实现最大限度节约能源、节省资源、保护环境、减少污染。2014年3月19日，在中华人民共和国住房和城乡建设部发布的《关于2014年度第四批绿色建筑评价标识项目的公示》中，贵州省贵阳市息烽县人民医院综合住院大楼项目成为中国首个三星级绿色医院建筑设计标识，这也是贵州省首个获得国家三星级设计标识的绿色建筑。该项目由重庆海润节能研究院提供技术咨询，贵阳建筑勘察设计有限公司设计完成。

根据中国城科会绿色建筑与节能委员会最新报道，贵州省贵阳市息烽县人民医院住院综合大楼在众多竞选项目中脱颖而出，荣获了西南地区第一批绿色建筑示范工程。该项目每月都会接待数批的参观和考察者。

2. 贵阳市可再生能源建筑应用示范项目

根据财政部办公厅、住房和城乡建设部办公厅《关于加快开展可再生能源建筑应用示范项目验收评估工作的通知》《可再生能源建筑应用示范项目测评导则》，为加快贵阳市可再生能源建筑应用示范项目验收工作顺利开展，本项目经过贵阳市住房和城乡建设局的测评，顺利通过示范项目的验收和评估，成为贵阳市可再生能源建筑应用示范项目。

3. 首批西南地区绿色建筑基地示范工程

为了推进西南地区绿色建筑基地的发展，加快地区性绿色建筑示范中心及地区性绿色建筑技术产品展示中心建设，促进绿色建筑快速、健康的发展，2015 年 10 月，贵州省息烽县人民医院入选首批西南地区绿色建筑基地示范工程。

二、项目建设亮点

（一）场地优化与土地合理利用

1. 选址

项目建设场地地形有一定起伏，用地内最大高差约为 8m，在建筑设计时合理利用地势高差，改善地下一层的自然采光效果。

建筑场地选址无洪灾、泥石流及含氡土壤的威胁，建筑场地安全范围内无电磁辐射危害和火、爆、有毒物质等危险源。根据地质勘察，场区无滑坡、泥石流、土洞、塌陷等不良地质作用和地质灾害存在，场地稳定且远离电磁辐射。

根据《民用建筑工程室内环境污染控制规范》（GB 50325—2010）的要求检测，工程基础范围内各检测点氡浓度平均值为 $5454Bq/m^3$，土壤氡浓度不大于 $20000Bq/m^3$，不需要采取防氡工程措施。

2. 项目规划

新建住院综合楼结构型式采用钢筋混凝土框架结构。

息烽县人民医院老院区为 2005 年建成投入使用的 $9060m^2$ 业务综合大楼，其使用功能为门诊、急诊、住院、医技、手术、行政等各部分综合使用，拟建住院综合楼紧邻其东侧修建，并通过连廊可使两栋业务用房联系紧密，使用功能统筹布置如图 2 所示。

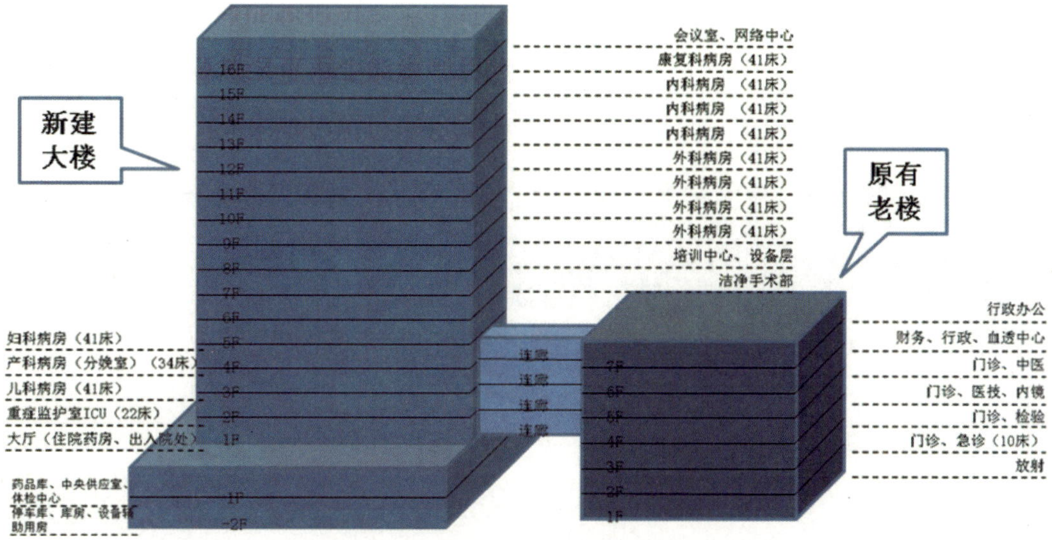

图 2 新建综合楼和老楼使用功能布置图

建筑物周围人行区风速低于 5m/s，不影响室外活动的舒适性和建筑通风，有利于冬季日照并避开冬季主导风向，夏季有利于自然通风。

本项目属于条形建筑，能充分利用夏季自然通风维持室内良好的空气品质。

3. 景观绿化

建筑四周和前广场可绿化部位合理选择本地生长树种，花卉、灌木、乔木合理搭配，以取得色彩丰富、四季各异的绿化效果，营造适合病人就诊，适合医护人员工作学习的良好环境。

为了增加绿化面积，提高绿化在二氧化碳固定方面的作用，缓解城市热岛效应，改善屋顶的保温隔热效果，辅助建筑节能，本项目采用屋顶绿化方式。

屋顶可绿化面积 1176.6m^2，屋顶绿化面积 642.1m^2，屋顶绿化面积占屋顶可绿化面积的比例为 54.6%。

图 3 项目所选本土植物名目

4. 场地交通

场地内进行人车分流、洁污分流等有组织交通，合理规划布局。

建设场地周边交通条件良好，适合医院业务用房的建设及使用，院区到达公共交通站点的步行距离不超过 500m，100m 范围内有 2 条公交线路，200m 范围内有 4 条公交线路。

5. 开发利用地下空间

开发利用城市地下空间，对于解决城市用地紧张、交通拥挤、环境恶化等城市化进程中的诸多难题，对实现城市可持续发展具有重要的战略意义。

本项目地下建筑面积：9403m^2；建筑占地面积：1240.17m^2（基地面积 4989.4m^2）；地下建筑面积与建筑占地面积之比为 7.58（与基地面积之比为 1.88）。

地下空间主要功能为：车库、机房、药品库、供应室等。

6. 室外透水地面

透水道路采用生态透水砼（混凝土）铺装，能够使雨水迅速渗入地表，有效地补充地下水，缓解城市热岛效应，平衡城市生态系统。透水地面还能通透“地气”，使地面冬暖夏凉，雨季透水，冬季化雪，可以增加城市居住的舒适度。另外，由于透水地面孔隙多，地表面积大，对粉尘有较强的吸附力，可减少扬尘污染。

项目室外透水地面面积 3478.2m^2（绿化面积 2830.2m^2，场地植草砖铺装面积 648m^2），室外地面面积 6053.83m^2，室外透水地面面积比例为 57.45%。

图 4 室外透水地面实景图

（二）节能型空调冷热源形式及通风主机设备

1. 桩基螺旋地埋管 100% 地源热泵可再生能源系统

贵阳市属于国家可再生能源应用示范城市，经土壤热响应测试分析、气候条件分析等，贵阳市具备地源热泵可再生能源的开发利用条件。

地源热泵空调系统是通过地埋管换热器，间接地完成空调系统与土壤的冷热交换，以土壤作为系统的热源和冷源，机组为地源热泵机组。地源热泵机组是经过冷却水循环系统将冷热量通过地埋管换热系统转移到地下，最终的冷热交换是在室内空气和室外土壤间进行。作为自然界的现象，正如水由高处流向低处那样，热量也总是从高温流向低温。但人们可以创造机器，如同把水从低处提升到高处而采用水泵那样，采用热泵可以把热量从低温提升到高温。所以热泵实质上是一种热量提升装置，它本身消耗一部分能量，把环境介质中贮存的能量加以挖掘，提高温位进行利用，而整个热泵装置所消耗的功仅为供热量的三分之一或更低，这也是热泵的节能特点。

图 5 地源热泵系统示意图

因项目场地的局限性，充分利用建筑桩基，采用桩基三螺旋地埋管地源热泵空调系统，减少地埋管打孔数量。

项目设计桩基螺旋埋管共 261 口，孔深 8 ～ 11m，其特点为不需要钻孔，减少打孔施工费用；减少了埋管长度，节省管材；节省了用地面积。在项目用地面积有限，没有足够的地埋管打孔区域的情况下，该技术的优点尤为明显。

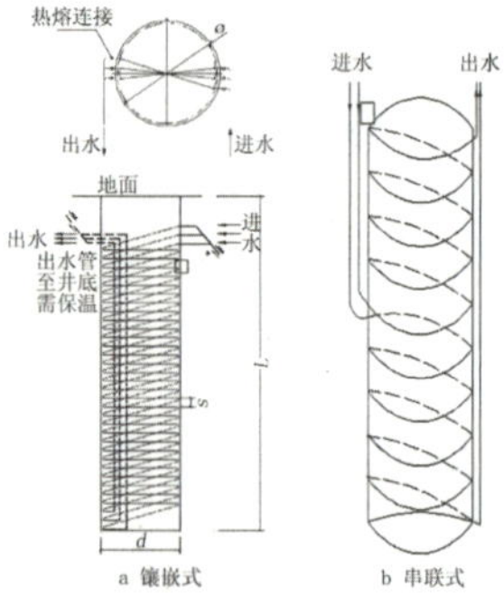

图 6　桩基螺旋管的形式

图 7　桩基螺旋管实景

项目设计双 U 形垂直埋管共 160 口，孔深 120m，相比桩基螺旋埋管，双 U 垂直埋管增大了地源侧的换热量，同时也增强了系统的稳定性。

为了进一步增强系统的稳定性与可靠性，最大限度利用废热，项目还通过化粪池埋管来交换热量—污水源热泵，相当于提升了地源侧的换热面积，也降低了地源侧的占地面积，减少了打孔施工费。

图 8　化粪池埋管现场施工图

2. 数字化节能新风机组

传统的通风系统新风主机采用的电机一般为交流电机，能效较低，调节困难。

数字化节能新风机组采用直流无刷式免维护型智能化风机，带有 RS485 输出接口、0~10V 传感器输出接口、4~20mA 调速开关输出接口、报警装置输出接口及主从信号输出接口，可实现 0~100% 无级调速，通过空气品质传感器实现就地 / 集中控制。

项目采用的新风机组是引进国内外先进技术、产品而创新开发的新一代新风机组，采用国际领先技术的高节能数字化直流无刷风机和数字化智能控制技术，以高安全性、高节能、高智能化、体积小、噪声低、应用灵活等优势广泛应用于医院的空调和通风系统。

EC 直流无刷电机相比传统交流电机，可接受的输入电源宽泛，具有更广泛的适用性和安全性。

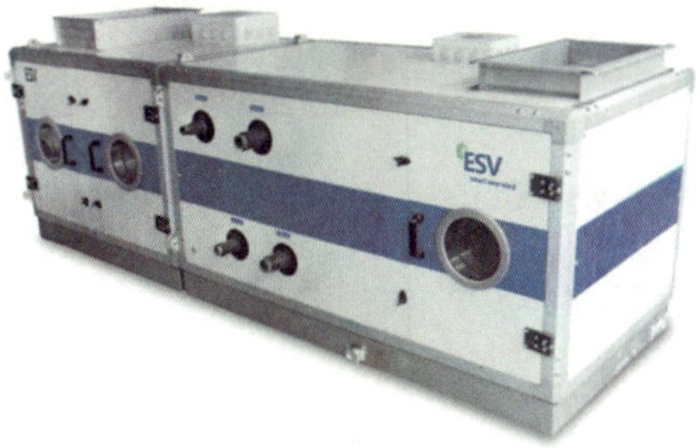

图 9 数字化节能新风机组产品图示

3. 能源管理平台

项目中央空调系统采用设计、施工、运行一体化工程模式，采用能源管理平台，建立了能源管理体系，实现能耗科学计量、能耗数据查看以及分析、能耗计费统计及报表服务、节能指标分配及追踪管理与控制，从而制定更加符合项目实际需求的运行管理策略，以及督促各科室人员进行行为节能。

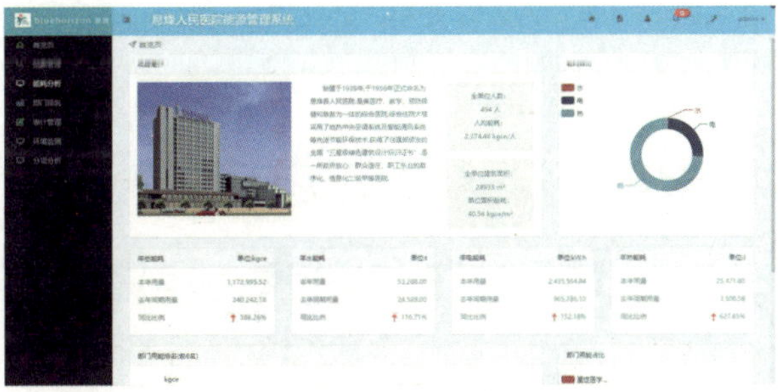

图 10 能源管理平台

（三）节能舒适型衡温衡湿衡氧健康室内环境系统

1. 蓄能型楼板双面辐射末端系统

蓄能型楼板双面辐射末端是通过冷媒在辐射管内循环流动，以辐射和对流的传热方式通过楼板向上和向下传递冷量或热量，该系统无绝热层（保温层）。

系统的特点：有利于室内装饰，节省层高、不占用使用面积，不妨碍室内的家具布置，有利于居家布置与装饰；舒适度高；辐射换热，热效率高；零噪声（与风机盘管对比）；运行时间长；节能性高；蓄能。

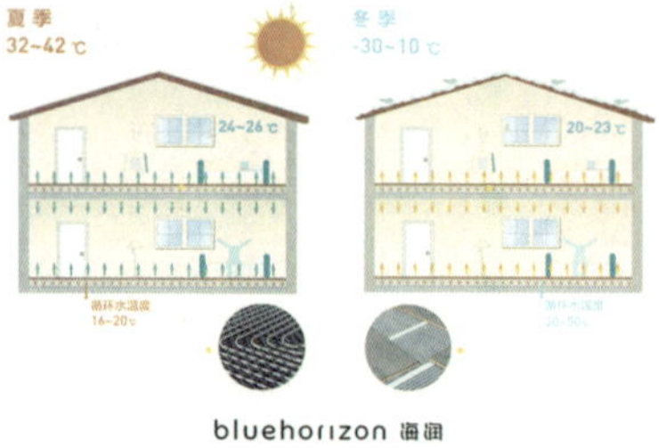

图 11 蓄能型楼板双面辐射供冷供暖示意图

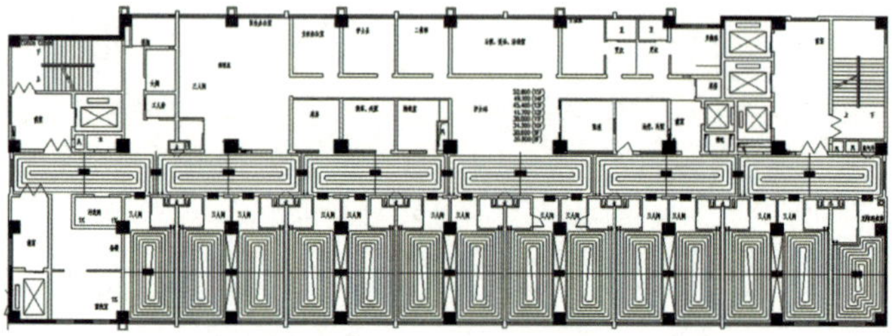

图 12 双面地板辐射水管平面图

2. 动力分布式可调新排风系统

鉴于病房区域辐射空调的特殊性，病房的通风系统应承担卫生、热舒适和满足地板辐射供冷不结露的功能。出于对通风可调性的考虑，采用动力分布式通风系统，系统由主风机和支路风机（房间智能风量调节模块）组成，主风机安装在主管上，智能风量调节模块安装在支路上，每个区域的风量由智能风量调节模块进行独立调节，主风机根据各个支路风机的情况自动调节主风机风量。

动力分布式通风系统可尽量减少阀门的能耗，同时可实现按需供应。当某间病房湿度较大时，可临时通过房间智能风量调节模块加大新风量，消除过量的余湿。

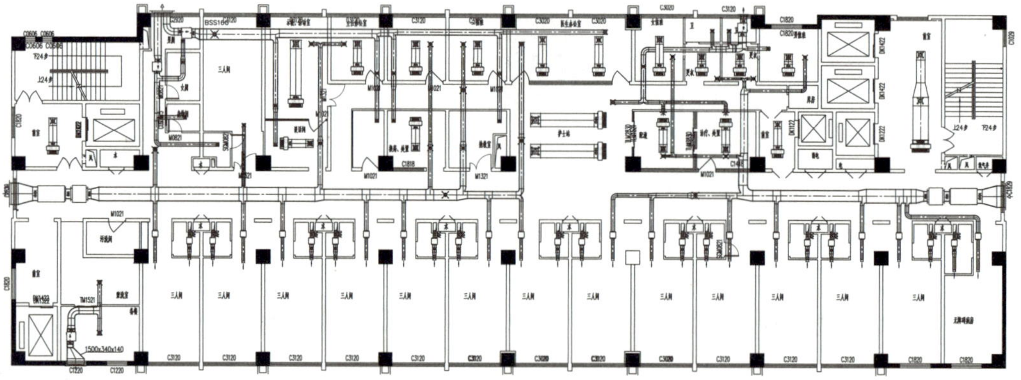

图 13 通风系统平面图

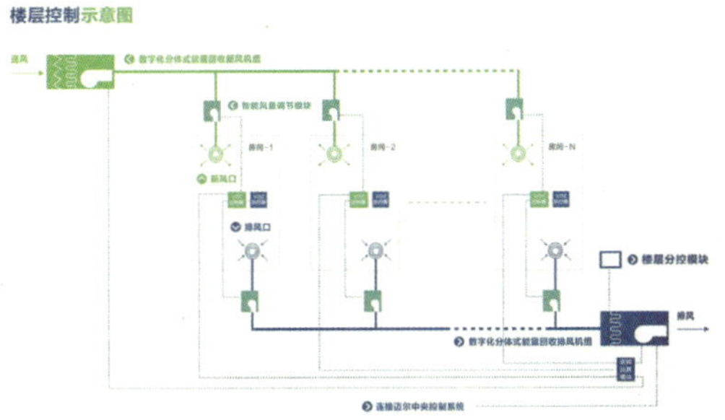

图 14 动力分布式智能通风系统原理图

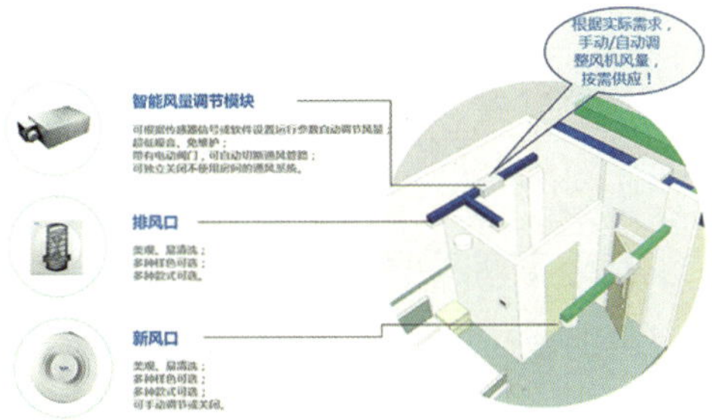

图 15 动力分布式智能通风系统末端形式及产品图示

3. 室内空气品质监控系统

项目通风系统设备采用了三级控制方式：第一级控制为病房内 CO_2 浓度自动控制或手动控制；第二级控制为楼层护士站控制；第三级控制为机房内中央控制平台集中控制。病房内智能风量调节模块为病房和护士站两级控制，大楼主的新风机组和排风机组为护士站和集中机房两级控制。

室内安装有 196 个室内空气品质传感器（CO_2 传感器）监测室内空气质量，且监控系统与新风系统联动，当超过设定限值时，监控系统产生报警，同时提高转速增加通风量。

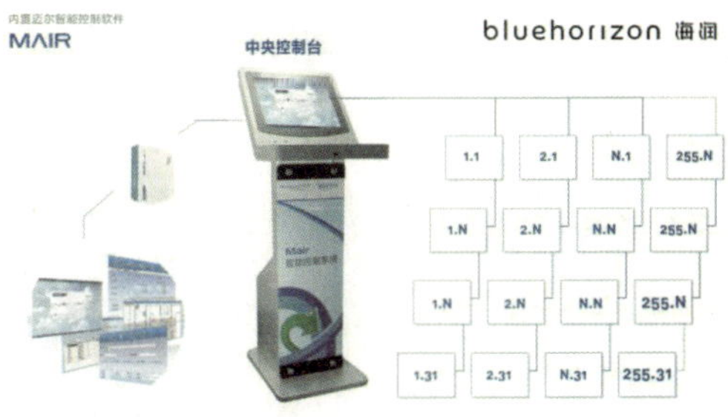

图 16 通风系统监管平台图

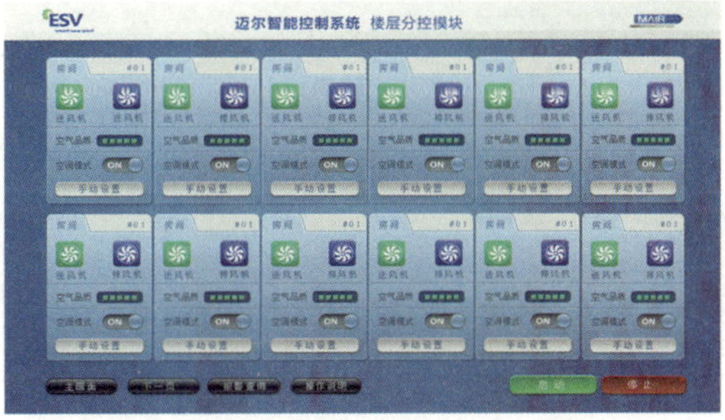

图 17 通风系统监控界面

（四）照明采光节能措施

1. 节能照明

项目用电由两路 10kV 高压线路引入，选用高效节能型干式变压器。

各房间或场所的照明功率密度值不高于现行国家标准《建筑照明设计标准》规定的目标值。

建筑公共区域（楼梯间和公共走道）选用节能型声控延时开关，灯具选用节能灯具，带电子型镇流器（cosΦ ＞ 0.9）。

各房间开关独立控制，公共区域分区控制。

2. 地下室采光天井

为改善地下室自然采光效果，项目在建筑西北侧空地、地下室上方设置两个采光顶。

（五）节水与水资源利用

1. 使用节水型卫生器具

节水型器具是建设节水型社会的重要物质载体，使用节水器具能带来良好的经济效益，建设节水型医院，提高水资源的利用效率和效益。

项目均采用二级节水卫生器具。

洗手盆采用感应式自闭水嘴，水嘴流量≤ 0.125L/s，达到《水嘴用水效率限定值及用水效率等级》（GB 25501—2010）中 2 级用水效率要求；坐便器采用大小便 2 档冲水 5L/3.5L 型，达到《坐便器用水效率限定值及用水效率等级》（GB 25502—2010）2 级用水效率要求；小便器采用感应式自闭冲洗阀，冲洗水量≤ 3L，达到《小便器用水效率限定值及用水效率等级》（GB 28377—2012）中 2 级用水效率要求；蹲便器采用脚踏自闭冲洗阀，冲洗水量≤ 5L，达到《便器冲洗阀用水效率限定值及用水效率等级》（GB 28379—2012）中 2 级用水效率要求；淋浴器运行流量≤ 0.1L/s，达到《淋浴器用水效率限定值及用水效率等级》（GB 28378—2012）中 2 级用水效率要求。

2. 按用途设置用水计量水表

本建筑按不同使用功能分别设置水表，加压分区储水箱的补水管、高位水箱供水系统的出水管、冷却塔、游泳池、水景等的补水管均安装水表，公共建筑中厨房、洗衣房、游乐设施、浴室等也安装水表计量。

（六）节材与材料资源利用

1. 建筑造型简约

设置大量没有功能的纯装饰性构件，不符合绿色建筑节约资源的要求。项目通过使用装饰和功能一体化构件，利用功能构件作为建筑造型的语言，可以在满足建筑功能的前提下表达美学效果，并节约资源。对于不具备遮阳、导光、导风、载物、辅助绿化等作用的飘板、格栅、构架和塔、球、曲面等装饰性构件，应对其造价进行控制，避免材料浪费。

项目整体造型简约，未设置不具备遮阳、导光、导风、载物、辅助绿化等作用的飘板、格栅和架构；未在屋顶设立单纯为追求标示性效果的塔、球、曲面等异型构件；女儿墙高度未超过最低要求的 2 倍。

2. 现浇混凝土采用预拌混凝土

项目全部采用预拌混凝土。我国大力提倡和推广使用预拌混凝土，其应用技术已较为成熟。与现场搅拌混凝土相比，预拌混凝土产品性能稳定，易于保证工程质量，且采用预拌混凝土能够减少施工现场噪声和粉尘污染，节约能源、资源，减少材料损耗。

3. 可再循环材料利用

建筑材料的循环利用是建筑节材与材料资源利用的重要内容，建筑中采用的可再循环建筑材料和可再利用建筑材料，可以减少生产加工新材料带来的资源、能源消耗和环境污染，具有良好的经济、社会和环境效益。

本项目在建筑选材时可再循环材料使用重量 7631.4t，所有建筑材料总重量 49146.5t，可再循环材料使用重量占所有建筑材料总重量的比例为 15.5 % 。

三、项目运行效果

（一）运行效果及经济效益

2014 年 10 月新建综合大楼完工投入使用。

2015 年全年门诊、住院、手术人次均明显增加，但是单位面积能耗明显降低，如表 1 所示。

表 1 息烽县人民医院就诊人次和能耗统计

年份	门急诊人次（万）	出院人次（万）	手术人次（万）	收入（万元）	单位面积能耗（kWh/m²）
2014 年	16.29	1.378	2795	8000	135.46（老楼）
2015 年	17.92	1.77	3221	12000	86.78（新楼）

通过一年的运行数据统计，新楼单位面积总能耗为 86.78 kWh/m^2，老楼（采用分体式空调）单位面积总能耗为 135.46 kWh/m^2，新楼和老楼相比节能率达到 35.94%。新楼和老楼耗电量统计如表 2、图 18 所示。

表 2 新楼和老楼 2013 ~ 2015 年耗电量统计

月份	新楼 2015 年度逐月耗电量（kWh/m²）	老楼 2013、2014 年度逐月平均耗电量（kWh/m²）
1	11.68	18.99
2	12.21	17.46
3	8.24	13.39
4	6.86	10.88
5	5.46	9.35
6	4.75	9.43
7	5.72	10.59
8	6.49	10.53
9	6.41	8.75
10	5.19	8.00
11	5.45	8.69
12	8.32	9.39
合计	86.78	135.46

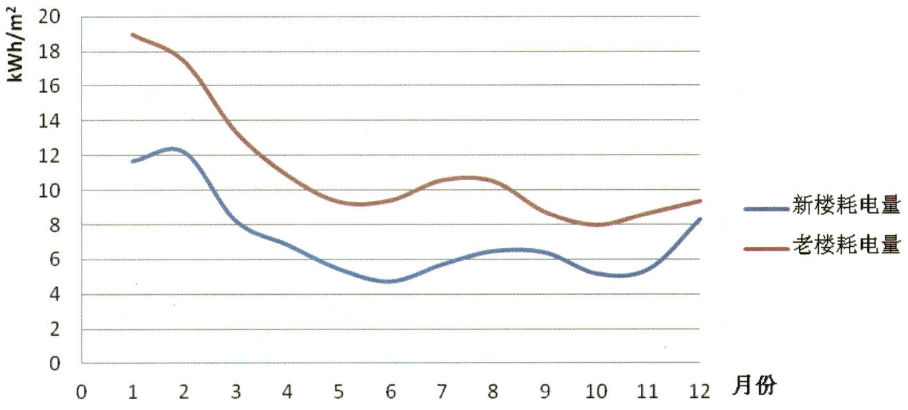

图 18 新楼和老楼 2013 ~ 2015 年耗电量统计

2016 年新楼的住院人次和门诊人数较 2015 年均有大幅增加，在门诊人次增加 15.03%、住院病人数增加 24.57% 的情况下，整体能耗仅增加 16.6%，单位建筑面积电耗量为 95.52 kWh/m²，和老楼相比依然有 29.5% 以上的节能率，如表 3 所示。

表 3 新楼 2015 年、2016 年能耗统计

能耗指标	2016 年	2015 年
总用电量（万 kWh/a）	276.27	236.92
建筑使用面积（m²）	28933	27300
单位建筑面积电耗（kWh/m²）	95.52	86.78
总电费（万元）	194.84	180.84
单位建筑面积电费（元 /m²）	67.34	66.24

2016 年老楼进行中央空调系统改造，冷热源采用地源热泵系统，补充打孔数量，冷热源机组与新楼共用一套，末端部分区域采用风机盘管 + 新风系统，部分区域采用辐射 + 新风系统。新、老楼能耗合并计量，新老楼能耗统计如下表所示。在门诊人次和住院人次不断增加的情况下，新老楼能耗计量合并后单位建筑面积能耗相比 2013、2014 年老楼单位建筑面积能耗仍有接近 20% 的节能率。

表 4　新、老楼 2017 年、2018 年能耗统计

能耗指标	2018 年	2017 年
总用电量（万 kWh/a）	455.35	422.02
建筑使用面积（m^2）	40000	40000
单位建筑面积电耗（kWh/m^2）	113.84	105.51
总电费（万元）	303.32	296.10
单位建筑面积电费（元 /m^2）	75.83	74.02

表 5　新、老楼 2017、2018 年耗电量和老楼 2013、2014 年耗电量统计

月份	新、老楼 2017、2018 年度逐月耗电量（kWh/m^2）	老楼 2013、2014 年度逐月平均耗电量（kWh/m^2）
1	12.86	18.99
2	12.01	17.46
3	10.09	13.39
4	9.19	10.88
5	5.00	9.35
6	5.70	9.43
7	6.29	10.59
8	10.59	10.53
9	8.95	8.75
10	5.10	8.00
11	12.43	8.69
12	11.46	9.39
合计	109.67	135.46

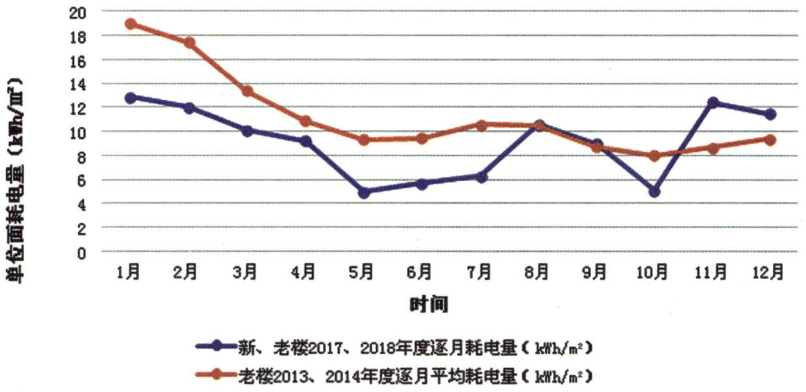

图 19 新、老楼 2017 年、2018 年耗电量和老楼 2013 年、2014 年耗电量统计

（二）社会效益

项目建成后，其社会效益十分显著，具体表现如下。

1. 满足广大人民群众就医的需要

近年来，随着改革开放的不断深入，国民经济的快速增长，城乡居民收入的持续增加，城镇化、工业化、人口老龄化进程加快，人民群众的健康意识不断增强，为卫生事业的发展提供了强大动力。

2. 满足息烽县人民医院自身发展的需要

项目的实施不仅能改善息烽县人民医院的配套设施，提高医院的医疗卫生水平，也能为当地群众提供更好的就医条件，为广大群众提供理想的防护场所，带动盘活息烽县各乡镇卫生院的卫生发展，解决一部分人的就业问题，一定程度上发展了当地的经济，符合国家政策规定，促进国家医疗事业的全面进步，其社会效益是显著的。项目抗风险能力较强，实施周期短，技术上有充分保障，项目经济效益也较好。

02

河南省安阳市人民医院

乔天顺 周志强 张治国 王留海 刘丽莹 郭玲珑 丁艳蕊

一、项目概况

（一）项目简介

河南省安阳市人民医院新建院区项目为规模2500床的医教研一体化大型医疗建筑综合体。项目总占地面积164764m^2，总建筑面积28万平方米，地上部分22.5万平方米，地下面积为5.5万平方米。住院医技综合楼（一）地上主体部分19层，建筑高度76.25m，裙房部分5层，建筑高度为22.3m。住院医技综合楼（二）地上主体部分22层，建筑高度87.65m，5层裙房部分建筑高度为22.3m。门急诊综合楼地上5层，建筑高度23.85m。河南省安阳市人民医院是三级甲等综合医院，功能分区科学，医疗服务流程合理，医疗设施先进，综合特色突出，综合服务能力强；专科诊疗优势明显，立足急、危、重症以及疑难疾病的诊治；推进安阳市综合医疗、教学、科研、人才培养及技术创新基地建设；为医院成为国内先进、国际一流医学水平的大型综合医院奠定良好基础。

图 1 项目整体实景图

（二）项目荣誉

2015 年 7 月 2 日，住房城乡建设部发布《住房城乡建设部关于 2015 年度第六批绿色建筑评价标识项目的公告》，宣布河南省安阳市人民医院项目荣获国家绿色医院三星级设计标识，是河南省首个获得国家绿色三星级的医院项目。

此外，项目门诊楼在工程建设中，在保证质量、安全等基本要求的前提下，通过科学管理和技术进步，最大限度地节约资源并减少对环境负面影响的施工活动，实现了节能、节地、节水、节材和环境保护（“四节一环保”），达到绿色施工的效果，荣获 2016~2017 年度中国建设工程鲁班奖，以及住房城乡建设部的绿色施工科技示范工程。

项目是安阳市以及河南省乃至全国的示范工程，经常接待医院建设者的参观考察，学习和借鉴安阳医院建设中的成功经验。

二、项目建设亮点

（一）场地优化与土地合理利用

1. 建筑布局

项目建筑形体规整，布局合理，主要朝向为南北向，建筑周边区域（1.5m 标高处）的风速小于舒适风速限值 5m/s；风速放大系数小于 2，周边局部存在涡流，但整体未出现无风区，室外污染气流在院区周边停留时间短，空气品质良好。

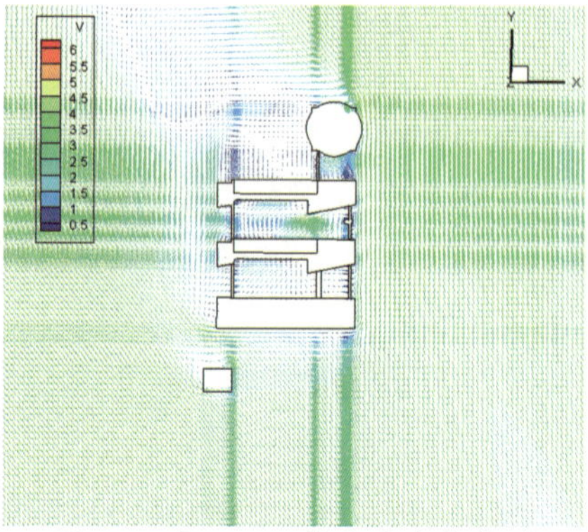

图 2　距地 1.5 m 高度风速矢量图（夏季 10 % 大风）

2. 透水铺装

项目广场、非机动车停车位、部分车行道、人行道路采用透水铺装。机动车停车位采用 8 字形嵌草砖铺装，院内车行道、人行道道路采用浅绿色或者水泥色透水混凝土铺装，可以有效增加雨水入渗，减少雨水外排，避免院区内涝。同时浅色系透水混凝土路面太阳反射系数高，具有较大的孔隙率，与土壤相连能积蓄较多的热量，有利于消除热岛现象。

图 3　植草砖停车场和透水混凝土路面

图 4　院区景观绿化

3. 景观绿化与屋顶绿化

项目场地绿化采用乔、灌木、草的复层绿化，主要选用适宜当地气候和土壤条件的乡土植物。门急诊综合楼以及住院楼裙房设置屋顶绿化，采用草坪式绿化。

目前因院区绿化为刚栽植后第一年，处于生长期，苗木较小，还不够旺盛。为了保证苗木的存活率，医院维护管理人员采取了搭苗木防倒支架、防冻死等一系列措施。

（二）节能与能源利用

1. 地下水源热泵可再生能源利用

项目采用地下水源热泵可再生能源 + 冷却塔系统辅助供冷。空调冷热源选用 4 台高能效离心式水源热泵机组，1 台高能效离心式水源冷水机组。通过实验，按照 1:2 的抽水井和回灌井比例设置水井，抽水井 18 口，回水井 36 口。地下水源热泵系统适合于地下水资源丰富的地区，且需要经当地资源管理部门同意方可采用，大部分地区不允许采用该可再生能源形式。

表 1　水源热泵和冷水机组参数

设备类型	数量（台）	额定制冷量（kW）	性能参数（W/W）	
			实际设备	标准要求
离心式水源热泵机组	4	4000	6.2	5.1
离心式水源冷水机组	1	4000	6.2	5.1

2. 动力分布式智能通风系统

项目新排风系统可以实现“按需通风”的效果，房间新风量由每层新风机房内安装的新风主机供应。排风主机安装在屋顶层，每个病房卫生间安装智能风量调节模块，通过排风竖井与主排风机联通，形成平层送风竖向排风的动力分布式通风系统。卫生间内的排风模块可以根据卫生间和病房内的空气品质实时按需调节排风量的大小，从而联动加大机械或自然新风量。

这种通风系统形式管路上不需要设置阀门，减少了阀门损失能耗；根据实际需求调节新排风量的大小，节约能源，比常规的通风系统节能 50% 以上；进行有组织的通风，避免交叉感染。

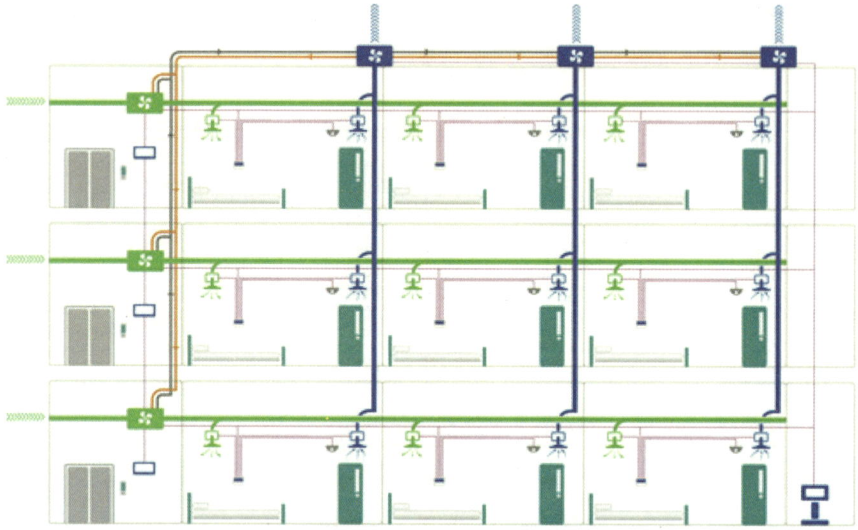

图 5 平送竖排通风系统布置示意图

3. 排风能量回收系统

项目门诊楼诊室设置三台分体式能量热回收排风机组，通过乙二醇溶液与对应区域的排风进行能量热交换，预热新风，降低新风负荷，节省运行能耗且避免交叉污染，排风热回收机组的效率在 60% 以上。

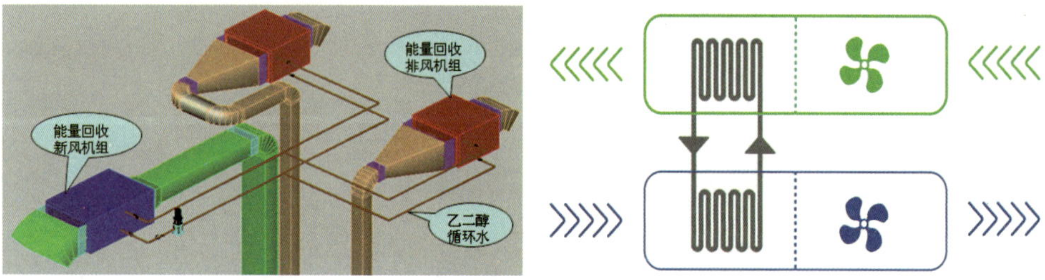

图 6 分体式新、排风能量回收原理示意图

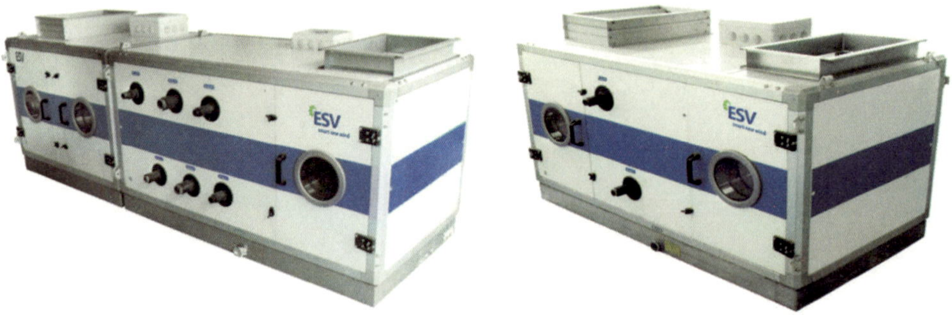

图 7 分体式新、排风机组产品图示

（三）节水与水资源利用

地下室至三层生活用水由市政管网直接供水；三层以上分低、中、高区采用叠压设备供水，系统分区以及供水形式合理。用水卫生器具全部采用节水型，如感应式水龙头、节水型淋浴器、坐便器以及蹲便器。院区绿化灌溉采用喷灌的节水灌溉方式等。

（四）节材与材料资源利用

项目建筑造型要素简约，无大量装饰性构件，住院楼主体部分采用框架剪力墙结构，其余部分为框架结构。

为避免二次装修带来的材料浪费，工程室内装修直接由建筑、电气等相关专业完成所涉及部分的设计，实现土建与装修一体化设计与施工，避免了后期装修产生过多成本，又保证建筑的简洁、适用效果。

（五）室内环境

1. 天然采光

项目设计充分考虑了建筑自然采光的需求：门诊楼设置了中庭采光井；住院医技综合楼设置天井直通地下室，靠天井的墙体设大面积外窗，改善地下室自然采光效果，节约照明能耗；建筑外窗较大，充分满足室内的自然采光，舒适效果好，并且很大程度上节约了建筑照明能耗。

图 8　中庭采光井

图 9　地下采光井

2. 可调节外遮阳

门诊楼和住院楼西立面外窗设置电动铝合金卷帘可调节外遮阳，防止室内产生眩光，并可减轻部分空调负荷，降低太阳辐射热透过玻璃进入室内，改善室内热环境。

（六）运行管理

项目采用智能化监控管理系统，包括医院常规的信息系统，如综合布线系统、计算机网络系统、有线电视及卫星电视系统、背景音乐及应急广播系统、综合安防系统、护理呼叫系统、门诊智能排队叫号系统、手术示教系统、多媒体信息发布及查询系统、多媒体会议系统等。

图 10 可调外遮阳

同时，对医院建筑设备进行智能化监控运行以及能耗管理，如空调与通风系统智能监控、照明系统智能控制、给排水系统的监控等。能耗管理系统，对各个分项分类用水、用电、用气量进行计量、监控、管理。

项目采用被动式和主动式相结合的绿色技术，在尽量控制增量成本的基础上达到了绿色三星的要求，能够提供安全、舒适、健康的室内环境，同时大大降低建筑的运行能耗，能够为全国范围内绿色医院建筑的建设提供借鉴。该项目也是安阳市首批绿色建筑项目，更为项目所在地区绿色建筑的发展起到标杆作用。

三、项目运行效果

（一）主要技术运行效果

2017 年至 2018 年 4 月，本项目部分工程仍在加班加点进行工程的收尾工作，进行医院整个照明、空调等各用能系统的调试与试运行工作，且此段时间内，医院在陆续进行各科室在东院区的开诊工作，因此 2017 年的能耗中包含施工用能、系统调试及试运行用能，并非建筑正常运行使用中的耗电，体现不出采用的各项绿色技术所带来的节能、节水效益，对节能性、节水性暂不做分析，仅将用能情况展示如下。

1. 用电量分析

2017 年和 2018 年运行能耗数据统计如表 2 和图 11 所示。

表 2 2017 年 /2018 年单位建筑面积逐月耗电量

月份	2018 年逐月耗电量（kwh/m²）	2017 年逐月耗电量（kwh/m²）
1	7.31	2.14
2	7.51	2.48
3	4.89	2.64
4	4.37	1.33
5	6.17	1.62
6	7.89	3.75
7	9.66	7.03
8	7.54	8.63
9	4.90	4.57
10	4.36	4.36
11	3.61	8.10
12	7.89	9.96
合计	76.08	56.61

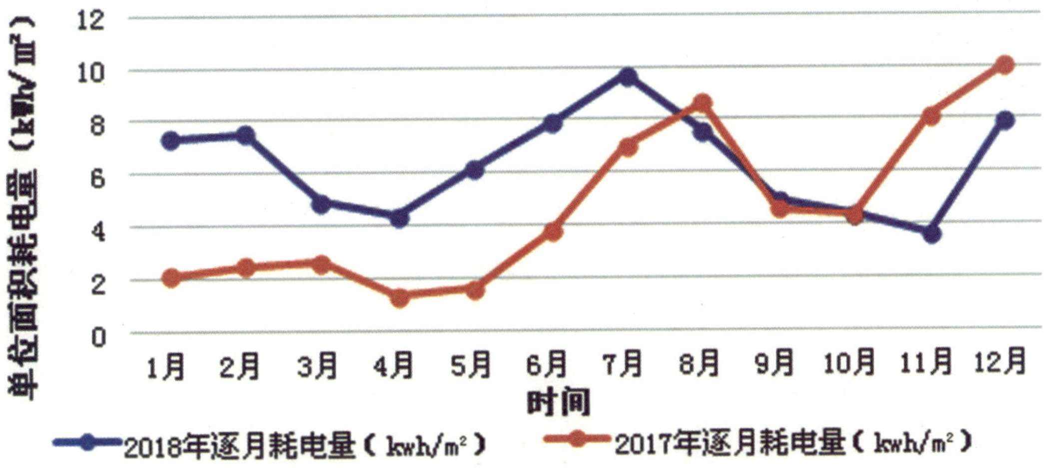

图 11 医院单位面积能耗分析

2. 天然气用量分析

蒸汽 2017 年 12 月份锅炉调试，用气量非常大，达到 36656m^3，2018 年 12 月份之前，天然气消耗主要是蒸汽锅炉用于中心供应室消毒，用气量相对比价均衡，为 6000 m^3 左右，2018 年 12 月开始，接入医院餐厅用气，用气量增加。

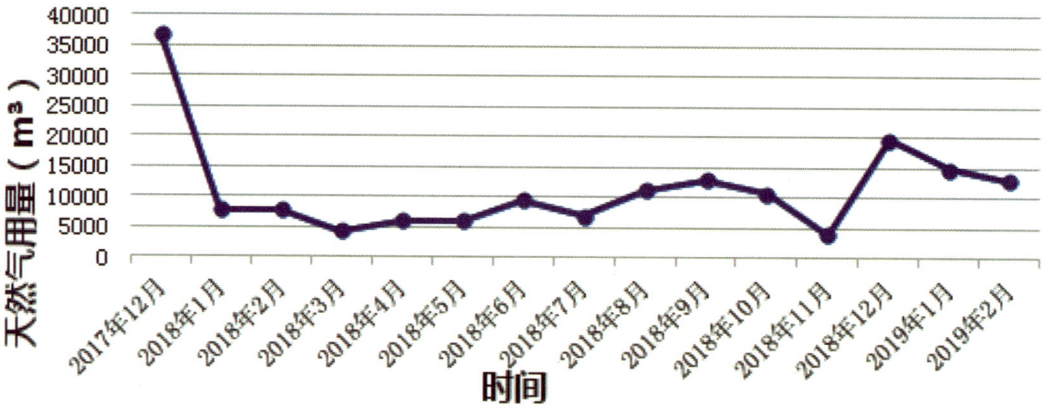

图 12 医院逐月天然气用量变化曲线

3. 用水量分析

因医院刚投入使用，运行使用状态还处于教大的变动中，根据医院 2017 年和 2018 年的用水量数据可知，医院逐月用水量也不稳定，大致呈增加趋势。

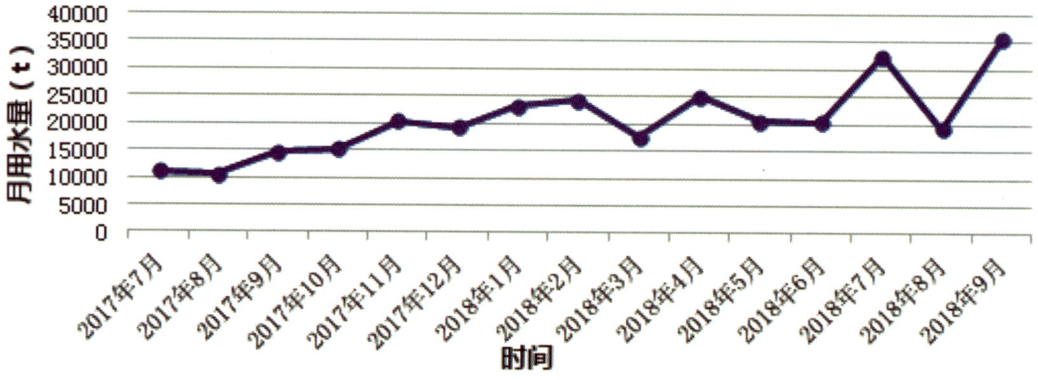

图 13 医院逐月用水量变化曲线

（二）社会效益

河南省安阳市人民医院项目为安阳市一项重大民生工程，建设得到了安阳市委、市政府及各有关部门的重视。院方本着为百姓负责、为社会负责、为环境负责的角度，在建设中确定按照国家绿色建筑最高标准进行修建，以建筑实际需求（功能需求、能耗需求、环保需求、运行需求）为导向，以人为本、因地制宜，达到绿色建筑三星级目标，已获得国家绿色三星级医院项目标识，为河南省绿色建筑的发展树立了标杆。东院区项目建成后，将实现“节能、节水、节地、节材与符合环境保护”的绿色建筑要求，实现舒适、人文、环保的就医硬件环境，能够做到三满意。一是病患满意：医院冬暖夏凉，空气没有异味，就诊治疗康复环境舒适；二是医院满意：工作环境舒适，减少交叉感染机会，系统运行费用减少，系统维护费用减少，减少空气消毒设备；三是政府满意：符合国家政策，民心工程。

03

山东省博兴县中医医院

毛海峰　万艳阳　丁艳蕊

一、项目概况

（一）项目简介

博兴县中医医院整体迁建项目总用地面积 86693.68m^2，总建筑面积 156830m^2。项目分两期建设：一期建设医疗区，用地面积 39730m^2，建筑面积 62710m^2，地块内地形平坦，设计病床为 600 床。容积率 1.46，建筑密度 20.1%，绿地率 36%。主要建设病房楼、门诊医技楼各一处，病房楼规划开放床位 600 张；二期建设康复区、宿舍区，其中康复区用地面积 25500m^2，建筑面积 37200m^2，主要建设康复楼、后勤保障楼各一处；宿舍区用地面积 21462.68m^2，建筑面积 57510m^2，主要建设 17 层住宅楼 5 栋、3 层商业用房一栋。

一期工程为门诊医技病房综合楼，主楼地上 17 层，地下 1 层，裙房地上 4 层，均为框架—剪力墙结构。主楼高 72.19m，裙房高 20.7m，为一类高层建筑，总建筑面积 62136.7m^2，其中地上建筑面积 52546.32m^2，地下建筑面积 9590.38m^2。工程主要功能为门、急诊用房，医技用房，住院用房。为打造衡温衡湿衡氧绿色健康室内环境，采用了 100% 可再生能源、暖通一体化等技术，应用了中医文化中式建筑的设计风格。项目对博兴县的经济社会和谐发展均有重要意义。

图 1 博兴县中医医院整体迁建工程门诊病房综合楼效果图

（二）项目荣誉

项目在前期规划时综合考虑了地域气候、环境资源、经济社会发展水平、医院性质、医疗工艺流程等方面的因素，因地制宜，综合了先进的建筑节能设计理念和绿色生态化建筑技术，集成近 30 项适宜的绿色建筑技术，实现最大限度地节约能源、节省资源、保护环境、减少污染。2018 年在山东省住建厅网发布的《关于 2018 年第三批绿色建筑评价标识项目的公告》中，山东省滨州市博兴县中医医院门诊医技病房综合楼成了山东省首个取得三星级绿色医院评价标识的中医医院。该项目由重庆海润节能研究院提供技术咨询，山东省建筑设计研究院设计完成。

二、项目建设亮点

（一）项目的中医文化特色

项目院区主入口广场竖立一尊扁鹊雕塑，其身后地面铺设阴阳八卦图，景观设计充分融入传统中医文化元素，考虑景观设计与十二经脉联系，让人一入院区即可感受到中医气氛。建筑采用坡屋面，体现中国传统建筑文化特点。门诊大厅以及各个空间区域的装修风格更是体现了浓厚的中医文化特色和氛围。建筑特色与建筑功能充分融合。

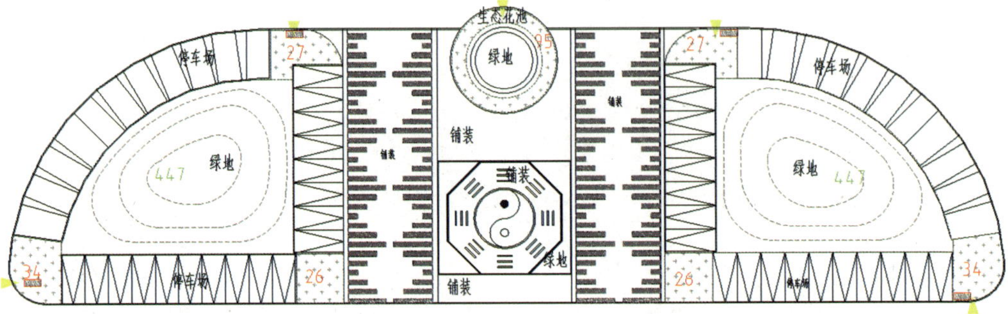

图 2 景观设计中的易经元素

图 3 室内中医文化体现

（二）100% 可再生能源应用

项目采用 100% 可再生能源，使用太阳能生活热水系统，中央空调系统采用地埋管地源热泵作为空调系统的冷源和热源。在方案论证阶段，进行了岩土热响应测试，充分论证项目所在地地质条件与岩土导热性，确保设计的准确性。本建筑舒适性中央空调总冷负荷 5620kW，空调总热负荷 5058kW。根据岩土热响应测试结果以及冷热负荷计算，利用建筑东侧广场及地下车库下方竖向打孔埋管布置地埋换热器，设计打孔共 1449 个。

图 4 地埋管剖面及水平接管示意图

采用可再生能源，空调冷源和热源共用一个机组，大大减少了空调机房的占用面积；避免了传统形式的冷却塔造成的室外噪声以及减少了对环境的影响，避免了传统形式的锅炉对空气环境的污染；地源热泵系统的运行效果不受室外天气的影响，相比传统的冷却塔和锅炉的节能效果显著，节能率达到40%~60%。此外，项目采用设计施工运营一体化模式，系统效果有保障。

（三）打造衡温衡湿衡氧健康室内环境

医院建筑绿色室内环境系统秉持“通风优先，匹配热湿”的原则。采用辐射冷暖蓄能调温技术、智能通风技术、分体式能量热回收技术、洁净处理技术等多项重点技术进行系统优化集成，共同营造本项目的衡温衡湿衡氧健康室内环境，实现室内“温度、适度、洁净度、风速度、静音度”都非常舒适的五度空间。

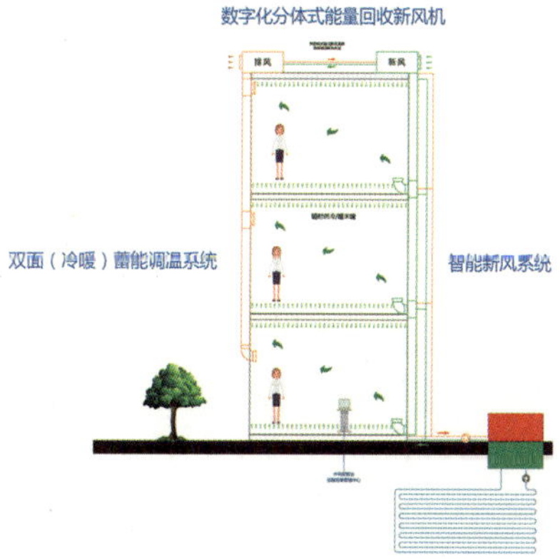

图5 海润绿色室内环境系统的核心技术构成

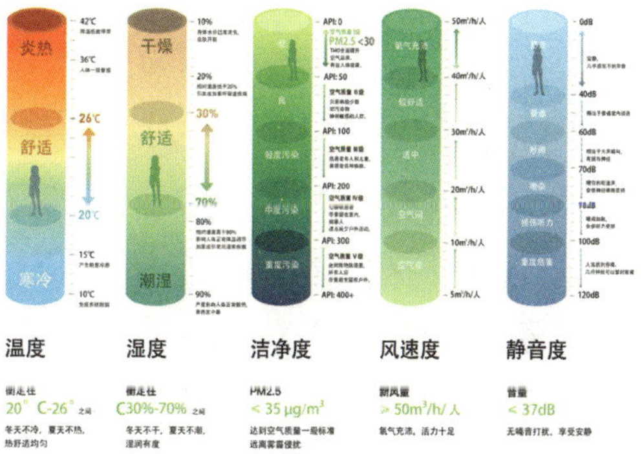

图6 绿色健康室内环境系统实现室内五度空间

1. 蓄能型楼板双面冷暖辐射系统，实现室内舒适冷热效果

楼板双面冷暖辐射系统是冷/热媒通过在辐射管内循环流动，冷却或加热该层地板及下一层顶板，以辐射和对流的传热方式通过地面及下层顶板向该层及下层室内供冷供暖的方式。

楼板双面辐射末端系统的特点有：没有风机盘管，避免交叉感染，零噪声干扰；利于室内装饰，节省层高，不占用使用面积，不妨碍室内的家具布置；舒适度高；辐射换热，热效率高；节能性高；蓄能，系统停机后效果保持时间长。

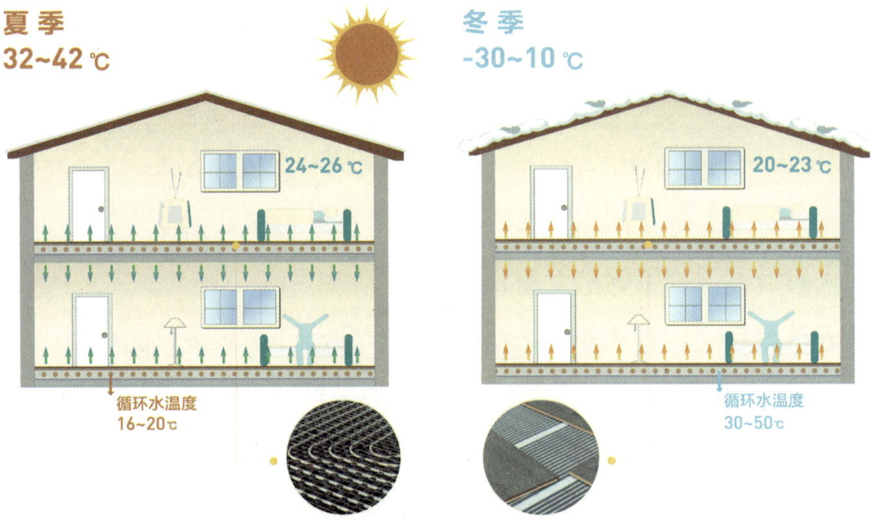

图 7　楼板双面冷暖辐射安装系统示意图

2. 动力分布式智能通风系统，保证室内健康空气品质

动力分布式通风技术由主风机和支路风机组成，主风机安装在主管上，支路风机安装在支路上，每个区域的风量由支路风机进行独立调节，主风机根据各个支路风机的情况自动调节主风机风量，从而实现按需供给，保证室内衡氧的目标。如图 8 所示。

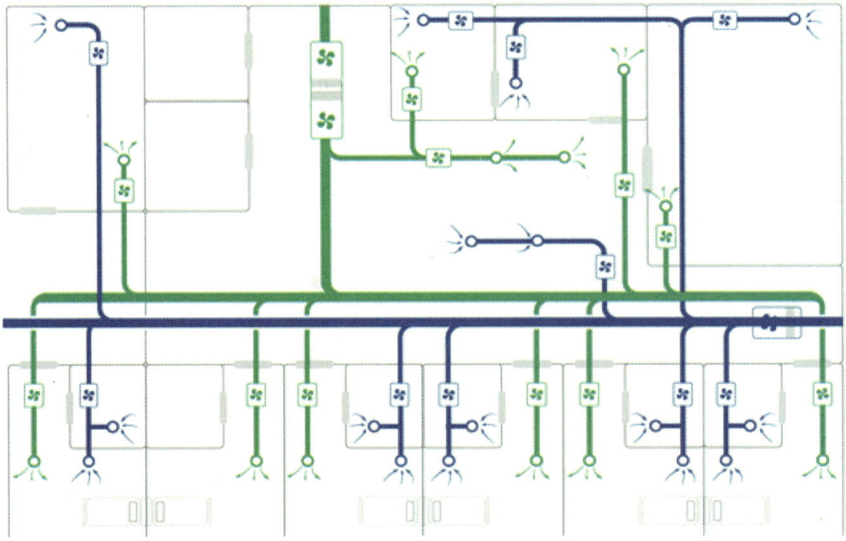

图 8　动力分布式新排风系统图示

动力分布式通风系统有以下特点：节性、可调节、保障空气品质等。

节能性较高。采用 EC 数字化节能风机；可根据实际需求调节风量，当存在部分风量需求时，智能调节风机转速，也可以根据运行业态曲线进行风速的设定，大大降低风机能耗。

可调节性好。可以根据房间的使用要求来独立开关或调节房间的排风量，可智能化控制室内空气品质，满足个性化风量需求。

室内空气品质保障。通风换气效果较好，能较好地维持室内空气品质，风量平衡方便，系统易于调节。

3. 分体式排风能量热回收，节省新风运行能耗

为保证室内空气质量，建筑室内必须引入新风，新风空调负荷占总空调负荷的比例可高达 30% 以上，与此同时，建筑中又有与新风等量，且与室内空气等焓的排风排出室外，在通过表冷器等设备对新风进行热湿处理之前，利用排风中的能量预冷（预热）新风，降低（增加）新风焓值，从而减小空调系统负荷，是一项可行的节能技术。排风热回收技术对于全年室内外温差或焓差较大的建筑，节能效果显著。

项目在能量回收环节采用分体式的送排风，回收排风中废弃的能量，送排风不发生接触，空气安全零风险，在医院建筑中可避免交叉感染。

在寒冷地区，冬季室内外温差巨大，采用分体式能量回收形式可以回收部分室内热量或冷量，能极大降低空调能耗。

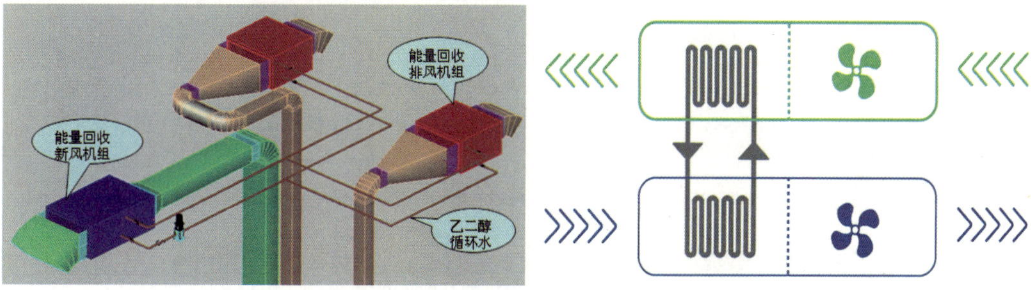

图 9 分体式新、排风能量回收示意图

4. 新风机组双冷源深度除湿，保证除湿效果

病房区域为地板辐射系统，处于封闭的状态，新风需承担一部分冷负荷，考虑在 3 ~ 3.6 次 /h 的新风量的条件下，直接采用表冷除湿。其新风系统的除湿能力可基本满足室内除湿要求，但考虑到系统在实际运行过程中的新风渗透、走廊、电梯、竖向防排烟风道等综合因素，建议采用双冷源新风机组，以满足室内更大的除湿量。

双冷源独立除湿存在两个冷却源，高温冷源对新风进行高效预处理，低温冷源则对新风进行深度除湿冷却。新风进行深度除湿后温度较低，为了避免新风在送风口处结露，可利用冷凝热对新风进行再热，使送风温度在 12 ~ 25℃之间变化。

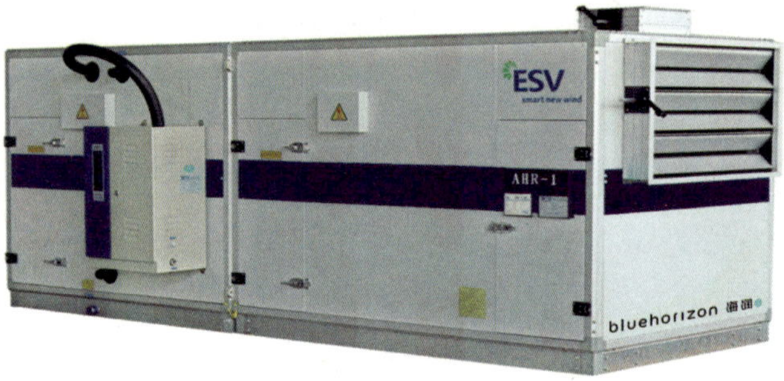

图 10 双冷源新风机组产品图示

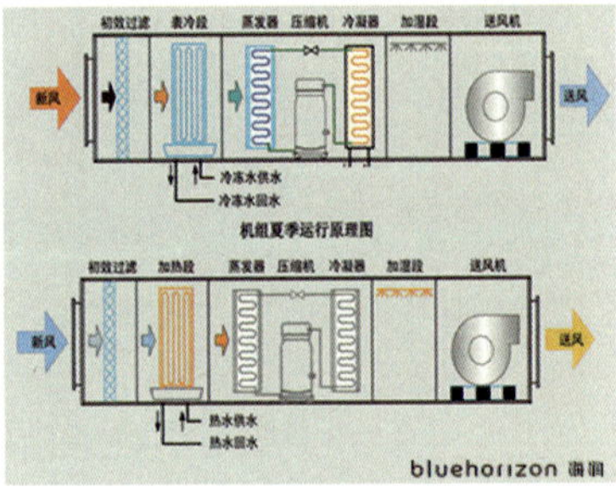

图 11 双冷源新风机组工作原理图

5. 海润新风洁净处理技术

新风的热湿处理由热水供热、湿膜加湿或蒸汽加湿和冷冻降温除湿，为了解决 PM2.5 等空气质量问题，在新风进入室内之前进行空气过滤，阻挡部分 PM2.5 进入室内，避免过多的 PM2.5 颗粒物被吸入肺部，提高新风的净化质量。

当室外空气品质不佳时，新风处理机组可根据需求选配不同的功能段，对送入室内的新风进行多种预处理，确保新风安全、洁净、新鲜，实现对室内空气品质和湿度的调节。

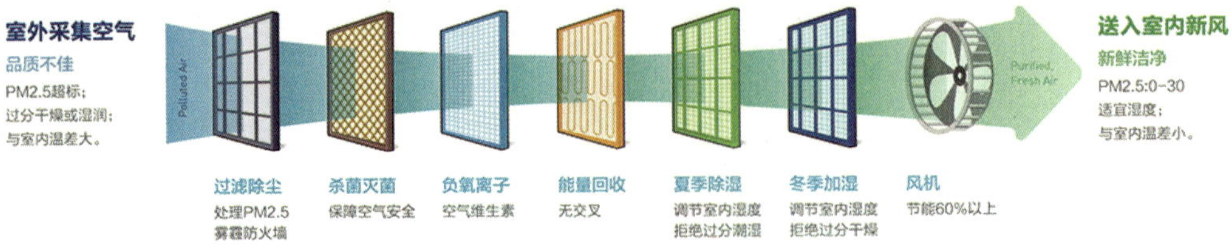

图 12 新风处理功能段

6. 变风量通风末端—智能风量调节模块

医院建筑主要房间人员所需最小新风量，应满足《综合医院建筑设计规范》的要求，人员长期停留的场所新风量应能调节。

医院病房不同于其他空间，不能按普通空间的新风系统设计方法进行设计。即使同一医院，同床位数的不同科室病房其新风需求仍具有差异，设计时需根据医院管理制度等具体情况合理确定新风需求量。

项目采用的是动力分布式智能通风系统，除通风系统主管道上的主风机外，房间末端支路上设置有支路风机(智能风量调节模块)，每个房间可根据实际需求，按需供应新风量，在保证室内空气品质的前提下，节约能源。

项目利用前期精细化、个性化的新风系统设计方法，通过设置在房间的智能风量调节模块，给末端用户一定的新风量调节权限，控制系统简单可靠，同时也很好地解决了病房内部空气质量与新风节能问题。

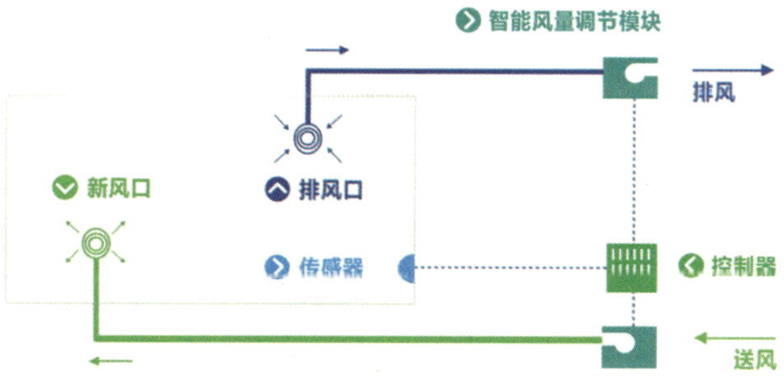

图 13 变风量通风系统原理图

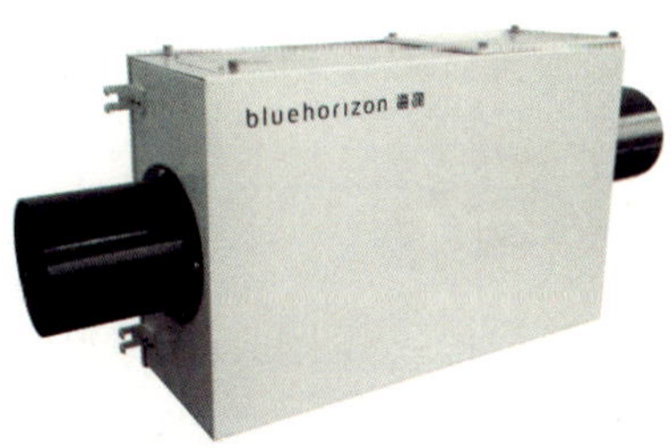

图 14 末端支路风机(智能风量调节模块)

7. 室内空气品质监控技术

可根据室内环境品质或软件预设的运行曲线，进行自动化运行，按时按需调节风量供应。不使用时可独立关闭，可实现房间独立控制或集中控制管理，保证室内卫生需求。

①集中控制。手 / 自一体智能化控制管理可对系统中的所有主机进行集中远程控制管理、通信、实时监测控制。

②区域控制。可对各房间进行单独控制，实现非空调模式、空调模式之间的切换，手动与自动设置均可。

③局部控制。可根据室内环境品质，对局部区域进行调控，是从全局到单点的全方位控制系统。

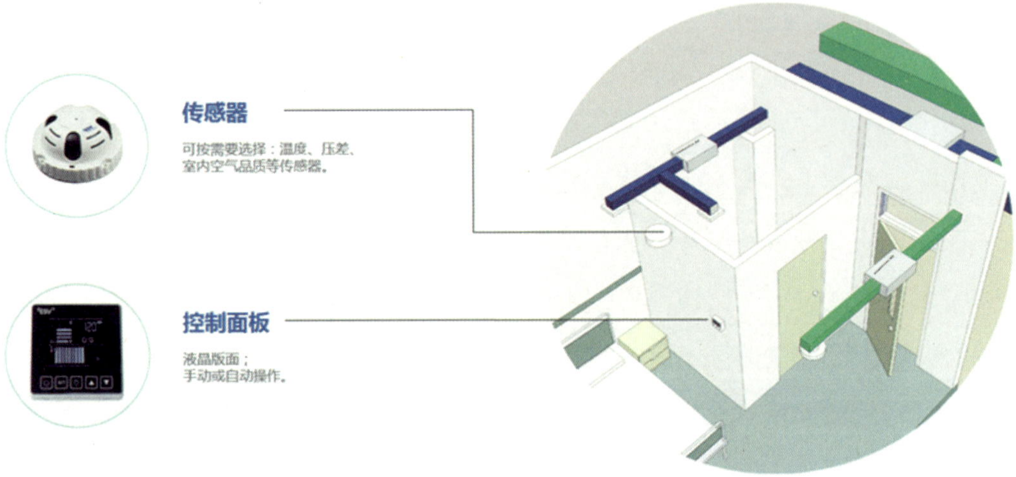

图 15　海润房间空气品质监控系统及产品图示

（四）智慧管理平台

项目采用了设计、施工、运行一体化工程模式，采用智慧管理平台，不仅实现设备监控功能、能耗管理功能、后勤运维业务管理功能、备品备件库管理功能、档案管理功能等，还能提供能效分析及节能服务、电力系统安全分析及预防性防护服务、电能质量分析及解决方案服务、楼宇设备运行节能分析及服务，数字化技术助理运行管理，实现节能，并最大限度实现管理的智能化、便捷化、简单化。

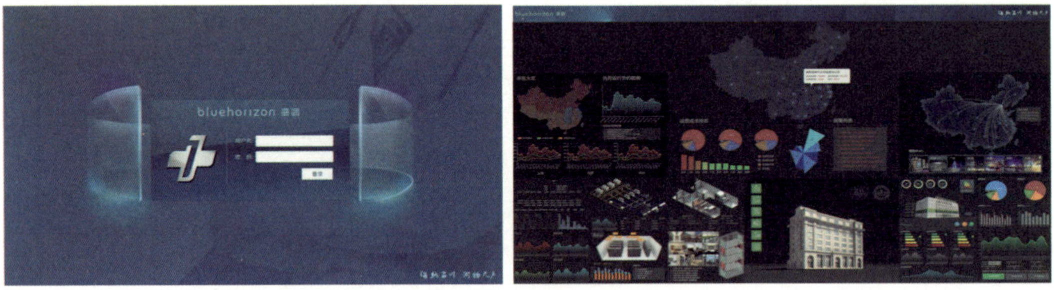

图 16　海润智慧管理平台

（五）非传统水源雨水收集利用

项目在雨水管网末端设置雨水回用系统，雨水经初期弃流过滤后进入雨水收集池，然后经过地埋一体机过滤消毒后进入清水池，用于绿化浇灌和道路冲洗。使用自来水补水，补水管设置满足《建筑与小区雨水控制及利用工程技术规范》中的规定。项目设置 300m^3 的雨水收集池，收集雨水用于整个院区内的绿化浇灌和道路冲洗，经过计算，非传统水利用量占绿化浇洒、道路冲洗总用水量的比例为 87.3%。

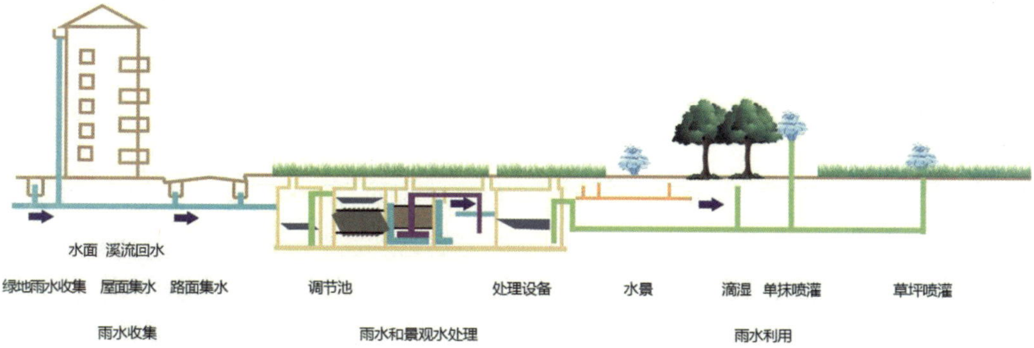

图 17 雨水收集工艺流程图

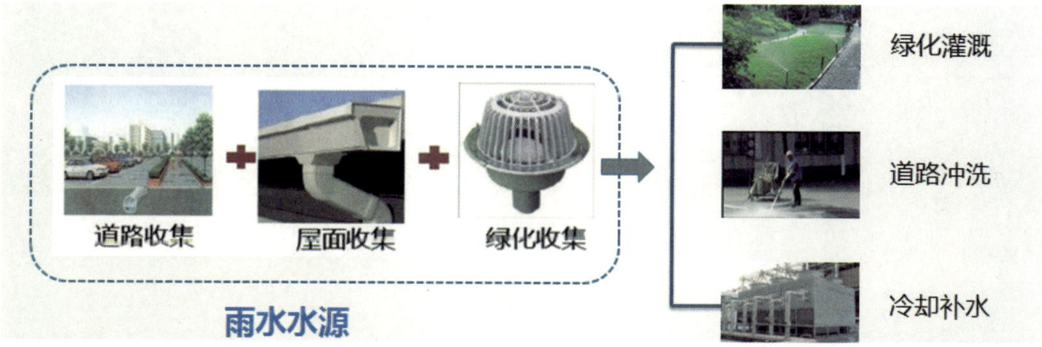

图 18 雨水收集系统示意图

（六）采用节水用水措施

项目用水器具全部采用节水型，绿化灌溉采用微灌、渗灌的节水灌溉形式，节约人力资源，提高水资源利用效率，增加土壤水分，同时可提高空气湿度，起到调节小气候的作用。

按不同用途，如消防补水、吸引机房给水、热水补水、绿化和科室设置水表，保证下级水表覆盖上级出流量。实现科室计量，提升人员的节水用水意识。

（七）新型建筑材料利用

建材业在飞速发展，新型建筑材料不断出现，根据本地的资源条件和建设水平合理使用坚固、结实、耐用的新型建筑材料，实现绿色医院建筑安全耐久的理念，达到节约材料用量，提升室内环境质量的目的。本项目在洁净区、传染病房等特殊功能空间内使用医院专用优质抑菌涂料，抑菌涂料的应用可减少病菌滋生和交叉感染，改善医院室内环境。

病房室内及走廊采用优质PVC弹性地板，不仅易清洁，又可减小楼板撞击声，对改善病房室内声环境起到了很好的作用。

图 19　新型建筑材料

三、项目运行效果

1. 设计施工运行一体化工程实施模式

项目采用设计、施工、运行一体化模式，效果有保障。定制化、专业化专项设计，设计全面评价，总设计目标设定，制作可行性分析（节能设计、雨水规划利用），设计指导、图纸审核。专业化绿色施工过程技术指导，常规过程严格检查，疑难施工技术现场指导，相关材料设备招标协助，绿色设计施工监督。协助供应库建立选择审核主要材料；成立专业化项目小组提供全程服务；具备专业安装资质的成熟施工队伍准时、高质完成系统安装。现场施工完成后，细致、精准地进行竣工调试、验收和试运行。同时，后期进行详细的运维服务指导，运维操作手册编制，运营技术指导，对设备进行定期检测，提供专业维护保养。设备故障快速发现，快速响应，快速解决；及时更换需要更换的设备（空气过滤器等），最终保障项目良好运行。

2. 社会效益

项目目前仍在建设期，项目建成后，其社会效益是显著的。

迁建项目的建设，能大大缓解博兴县中医医院医疗紧张的状况，从而满足博兴县及周边地区人民群众防病治病的需求，提高救治水平；有利于博兴县调整医疗资源结构，促进合理布局；有利于健全救治体系，完善救治功能，特别是提高医疗救治能力。项目建成后，从根本上解决了困扰医院多年来医疗设施紧张，服务流程不合理、紧急救治基本设施条件差的问题。对博兴县中医医院的软件、硬件可提高到一个新的档次，有助于全县人民生活健康水平的整体提升，有助于推动全县经济建设、社会建设的全面发展。

项目以打造绿色三星级医院建筑为目标，以为病患者提供舒服健康的生态化建筑环境为宗旨，运用一系列技术措施，如地源热泵空调系统、太阳能生活热水系统、智能通风系统、非传统水源利用等，均具有良好的示范性和推广价值。

04

山东省聊城市中澳国际合作医院

王雷 戴菖余 丁艳蕊

一、项目概况

（一）项目简介

本工程为聊城中澳国际合作医院，基地位于山东省聊城市湖南路以北、中华路以东。医院主要门诊出入口开设在湖南路，中华路设置住院出入口。新建病房楼将容纳 1000 床的住院用房。

项目一期总用地面积 109386 m^2，总建筑面积 266636 m^2，地上总建筑面积 179208 m^2，地下总建筑面积 87428 m^2，容积率 1.64。

三星级绿色医院建设内容包括 1 栋门诊医技楼 +3 栋病房楼，总建筑面积 266636 m^2。地上层数：17 层，局部 16 层，地下层数：1 层。结构形式：主楼 A 座、C 座为框架—剪力墙结构，其余均为框架结构；基础形式为后压浆灌注桩承台 + 防水板。

图 1 项目效果图

（二）项目荣誉

1. 星级绿色建筑标识

经过合理的优化设计，比选适合项目最优的绿色建筑技术，项目通过《绿色医院建筑评价标准》（GB/T 51153—2015）的综合测评，在场地优化与土地合理利用、节能与能源利用、节水与水资源利用、节材与材料资源利用、室内环境质量的五个章节均满足三星级绿色医院建筑的设计标准。

2018 年 5 月 4 日，山东省住房和城乡建设厅建筑节能与科技处发布了《关于 2018 年第二批绿色建筑评价标识项目的公告》，聊城中澳国际合作医院正式取得了“三星级绿色医院建筑设计标识”。

本工程为聊城市第一家三星级绿色医院建筑，且为山东省第二家三星级绿色医院建筑，极大地提高了聊城市建筑的“绿色性”，对聊城市绿色建筑的发展有着巨大的推动作用。

2. 山东省高星级绿色建筑示范项目

2018 年 4 月 10 日，山东省住房和城乡建设厅《关于公布 2018 年省级绿色建筑与装配式建筑示范名单的通知》中，聊城中澳国际合作医院被列为 2018 年山东省高星级绿色建筑示范项目。

二、项目建设亮点

项目本着“以人为本”的目的，在最大限度节约资源、保护环境、减少污染的前提下，为建筑使用人员提供健康、舒适、安全的空间。

项目建设三星级绿色医院建筑基础条件良好，并聘请专业的星级绿色建筑咨询公司进行绿色医院建筑设计、施工、运行三个阶段的全程技术指导，择优选择性价比高、对环境友好、对人体有益的绿色建筑技术。充分利用可再生能源及选取建筑节能设备，最大限度降低建筑碳排放总量；设置安全可靠、高效的室内通风系统及照明系统，为病人及家属、医护工作者提供健康、舒适的室内环境。

（一）场地优化与土地合理利用

对院区进行综合规划设计，合理划分功能区，保障人流合理。

1. 选址

根据环评报告及地质勘测报告，项目建设场地环境稳定、无不良地质现象；本工程于场地内选取 938 个土壤氡浓度检测点，通过对场地土壤氡浓度的检测，场地内各土壤氡浓度检测点的值远低于 20000Bq/m³，可不采取防氡措施。

2. 室外环境

声：经专业声环境预测，医院内所有建筑近期（2020 年）、中期（2025 年）、远期（2030 年）昼夜间噪声均能满足《声环境质量标准》（GB 3096—2008）I 类标准。

光：项目规划科学合理，预留了未来的用地；建筑布局恰当，利于室内自然采光，且病房楼日照满足规范要求并不影响（降低）周边建筑的日照标准。

热：项目绿地率为 43.3%，可有效缓解城市热岛效应。

3. 交通情况

项目交通环境良好，场地位置目前建设有两个公交车站（湖南路口北站、湖南路中华路口东站）。项目建成后，医院主出入口到达公交车站的步行距离不大于 200m，医院主出入口步行 400m 范围内设有公共交通站点；且有便捷的人行通道联系公共交通站点。

图 2 项目联系公共交通站点示意图

4. 景观绿化

响应国家及地方海绵城市政策的号召，提高场地对径流控制总量的能力，降低城市雨水系统压力。项目场地内绿化以建成“海绵城市”为目的，通过合理的规划布局，项目场地内绿地率为 43.3%，并设计下沉式绿地、透水铺装，种植涵养水分能力强的植被，将景观与海绵城市理念相结合。

项目有调蓄雨水功能的绿地和水体的面积之和总占绿地面积的比例为 33%；绿化采用乔、灌、草相结合的复式绿化，且以当地乡土植物为主。

裙楼屋面设置屋顶绿化，为人员提供休憩、散步空间，屋顶绿化面积为 4952.58m^2，占屋顶可绿化面积的比例为 30.88%，亦可降低太阳辐射带来的影响，减少建筑能耗。

5. 地下空间利用

项目所在地地势平坦，场地内不存在危害源，地质构造稳定，故本项目可充分利用地下空间，合理节约利用土地。项目地下建筑总面积为 87428 m^2，主要建筑功能为配电房、停车库、洗衣房、药库、病案室、厨房、餐厅、库房、空调机房、设备机房等。人员活动频繁的地下空间合理设置引导标识及无障碍设施。

地下空间采用采光天井、采光井等改善地下空间的采光效果，降低地下空间对照明系统的需求，节约电耗。

（二）节能与能源利用

1. 可再生能源利用

项目所在地太阳能资源丰富，全市年平均日照数在 2324h 左右。工程采用集中太阳能热水系统充分利用太阳能制备生活热水。

项目场地地质构造单一，采用地源热泵空调系统，充分利用地下水进行空调水路换热，降低项目运行能耗。

（1）集中太阳能热水系统。项目病房楼、手术室公共浴室采用集中太阳能热水系统，每栋病房楼设计小时耗热量为 384kW，公共浴室设计小时耗热量为 20kW，A、B、C 栋病房楼顶均分别设置一个容积为 20m^3 的水箱和两个容积均为 12m^3 的热水箱。采用全玻璃真空管太阳能集热器，共计 40 台，集热器总面积为 304m^2。使用 2 台空气源热泵作为辅助热源，每台加热功率为 75.6kW。

集中热水供应系统采用太阳能、空气能及市政热源三种热源组合。项目冬季生活热水热源优先采用太阳能热源，当系统供热水能力不足时，利用市政热源进行补充；夏季生活热水热源以太阳能为主，空气源热泵作为辅助热源；春秋季生活热水热源以空气源热泵为主，太阳能作为辅助热源。门诊部淋浴及手术室刷手池等，由于使用区域较为分散，采用局部加热设备电热水器提供热水。

（2）地源热泵空调系统。结合本建筑体量大、内区进深大、通风要求标准高、大型医疗设备散热量大等特点，经过合理的比选优化设计，将整个建筑空调系统形式分为以下几种类型。

①地下室及裙房的门诊、医技、办公区等区域为间歇性使用空间，末端采用风机盘管加新风或全空气空调系统。

②病房、产房、ICU 及其配套的办公用房，为全天 24h 使用房间，舒适度要求较高，采用置换通风 + 辐射供冷供暖的温湿度独立控制空调形式。

③大型医疗设备等发热量大、使用时间灵活的房间，采用多联机空调系统。

项目根据热负荷和逐项逐时冷负荷计算结果，合理选择地源热泵主机及各种末端设备。病房楼辐射系统冷热源采用地源热泵系统，螺杆式热泵机组的 COP=6.83、IPLV=6.12，设备性能高于《公共建筑节能设计标准》（GB 50189—2015）的要求。

通过计算机模拟软件分析，采用地源热泵空调系统，本项目建筑能耗降低幅度相较于参照建筑能耗为15.76%，可极大节约后期运行费用，为节能减排做出实质贡献。

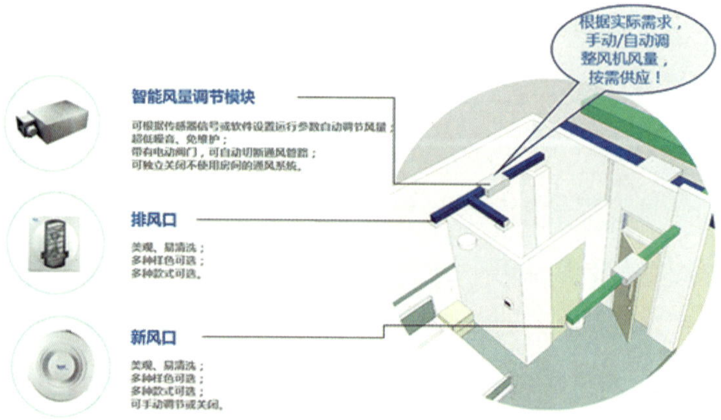

图 3 分体式新排风能量热回收系统及图示

2. 分体式能量回收技术

项目排风设置分体式能量回收系统。系统由能量回收新风机组和能量回收排风机组及乙二醇循环环路组成。依靠泵循环管道中的乙二醇溶液（质量百分比为

30%）回收排风中能量用于新风预热，降低设备能耗。新、排风回路完全隔离设计，保证回收能量的同时避免交叉感染。

3. 高效节能设备

项目选择高效的建筑节能设备，空调机组、变压器、风机及水泵等设备的能效等级均达到国家及行业标准中节能评价值的要求，在保证效率的同时，节约对能源资源的消耗。

电梯曳引机选用永磁同步电动机，并采用变频变压（VVVF）和群控控制系统（EGCS），结合分时段控制等手段达到节能的目的。单台运行的电梯采用集选控制、闲时停梯操作、灯光和风扇自动控制等节能控制措施。两台及以上电梯集中布置时，具备按规定程序集中调控的群控功能。在保证乘客舒适性的同时，尽可能节约建筑能耗。

4. 能耗监测系统

工程对建筑物内用电、水、气、热等能耗进行分项计量，通过对能耗进行动态监测，实现建筑物内能源使用情况的管理。通过能源管理平台，将建筑物内的能耗进行数据处理并上传至上一级能源管理数据中心。在主楼变配电室设置总能源管理控制中心，实时记录建筑物用能状况，自动进行能耗数据处理，完成建筑能耗结构、建筑用能效率以及建筑节能潜力数据分析，实现建筑能耗数据的实时采集、分类、有效传输和科学处理，为建筑节能降耗提供技术平台。

系统具有将数据直接通过以太网传送到聊城市及山东省能耗管理中心的功能。

5. 照明系统优化

办公室、控制室、各类机房、病房等场所采用高效节能灯具和显色性较好的三基色荧光灯。为节能和提高功率数，荧光灯采用 T5 直管荧光灯配置优质低谐波电子镇流器。各病房、诊室、检验室、候诊、办公、设备机房、治疗等部门选用光源色温在 3300K~5300K，病房光源色温 <3300K。所有房间及场所在满足照度标准的前提下，照明功率密度值均达到现行国家标准《建筑照明设计标准》（GB 50034—2013）目标值的要求。

办公室、会议室、病房、走道、前室、设备用房、各类处置室及各种管井等场所的照明采用就地设置照明开关控制；走廊、大厅、地下车库等公共场所照明采用智能控制系统，并按建筑使用条件和天然采光状况采取分区分组控制。

（三）节材与材料资源利用

1. 装饰工程优化设计

（1）外观装饰性构件控制。工程严格控制纯装饰性构件的使用，存在无功能性装饰性构件的使用范围主要包括超标女儿墙、屋面装饰性飘板等。经对此部分工程量的核实，本项目无功能性装饰性构件的造价为 163.72 万元，占项目总造价的比例为 2.42‰。

（2）公共部位土建装修一体化设计。为达到节材效果，避免后期重复施工，公共部位（走廊、大厅、卫生间等）土建与装修一体化设计，并统筹考虑各专项医用工程及土建配套工程的需要。

（3）高耐久性室内装饰材料选择。工程选用耐久性好的室内装修材料，无大量纯装饰性构件，保证室内空间易清洁、不易滋生细菌、不易积尘。

表 1　室内装饰材料性能参数

材料名称	性能参数
内墙涂料	耐洗刷：≥ 5000 次
地面材料	陶瓷砖：破坏强度≥ 400N，耐污性 2 级 橡胶地板：耐污性、耐磨性满足现行国家标准《硫化橡胶或热塑性橡胶耐磨性能的测定》的要求 PVC 地板：满足欧洲标准 EN 660 中耐磨性 T 级要求
内隔墙面材、门垭口、门和墙柱阳角的面材	增加防撞设施
墙面、地面、顶棚	易清洁、耐擦洗

2. 高强建筑结构材料使用

（1）高强钢筋。梁、柱纵向受力普通钢筋全部采用 400MPa 级的热轧带肋钢筋。钢筋混凝土结构中的受力普通钢筋使用 HRB400 级（及以上）钢筋占受力普通钢筋总量比例为93.11%。对建筑的抗震性能和经济效益有明显提高。

（2）高耐久性混凝土。项目基础部分及地下室部分采用高耐久性混凝土。高耐久性混凝土符合现行行业标准《混凝土耐久性检验评定标准》中对高耐久性混凝土的要求，且高耐久性混凝土的使用比例占混凝土总量的65.18%。

3. 预制建筑材料使用

为保证建设过程中现场搅拌混凝土、砂浆对环境带来的危害，本项目所需的现浇混凝土全部采用商品混凝土，使用的商品混凝土符合现行国家标准《预拌混凝土》的规定；50%的建筑砂浆使用预拌砂浆，预拌砂浆符合现行国家标准《预拌砂浆》及现行行业标准《预拌砂浆应用技术规程》的规定。

（四）节水与水资源利用

综合测评项目的用水量，设计安全、可靠、完善的供排水系统；选用高效节水器具，制定节水制度，节约对淡水资源的消耗；根据项目位置的气候特征，合理收集利用雨水，节约水资源的利用，控制场地内雨水外排总量。

1. 用水计量设计

（1）用水计量。根据项目各部分用水（厨房用水、卫生间用水、空调冷却补水、绿化灌溉用水、消防补水、热水系统补水等），分别设置水表计量其用水量，掌控建筑用水量的分布情况。

按照科室及护理单元，分别设置水表计量用水量，进行成本独立核算，为后期运行数据提供参考，方便医院后期管理。

以此设置的分级计量水表系统，可有效排除管网的漏损现象，核算各部分、各部门的用水量情况。

（2）淋浴器刷卡付费。病房淋浴器等处设置用者付费设施，用者根据使用需求，利用预付费卡进行刷卡用水。促进人员行为节水，并方便医院管理。

2. 非传统水源利用

项目力争建成“海绵城市”，地面雨水进入地面生态设施。屋面雨水经初期弃流过滤后进入项目雨水收集池，经沉淀过滤进入清水池，消毒后用于场地内绿化浇灌和道路冲洗，且绿化浇灌和道路冲洗使用非传统水源的比例达到58.33%，可有效降低项目对市政水源的依赖。

此外，项目收集新风机组冷凝水和高纯水排废水等优质杂排水用于冷却塔补水，冷却塔溢出水排往室外雨水蓄水池，用于绿化灌溉和道路冲洗，提高水资源的利用效率。

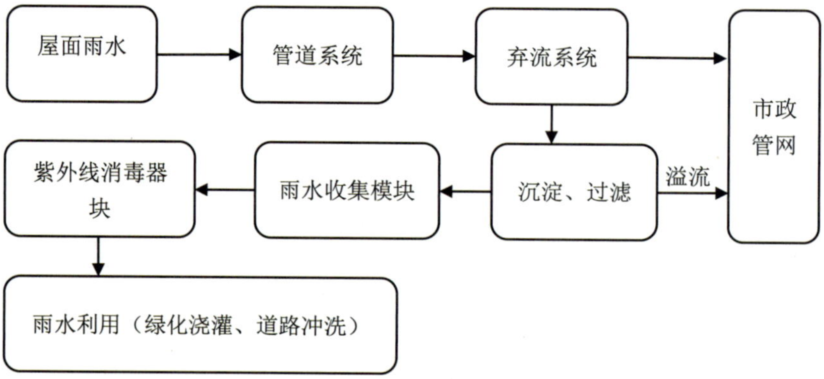

图 4　雨水回用工艺流程图

3. 给排水系统节水设计

合理设置供水分区，低区由市政直供；中区和高区由叠压供水设备供水。根据水力计算结果，末端设减压阀，保证用水器具的出水压力不高于 0.2MPa 且不低于用水器具的最低出水压力。

用水器具效率均达到相关标准 2 级节水器具的规定。洗手盆、小便器采用感应式自闭水嘴等。

项目绿化浇灌用水主要来自市政自来水、雨水，场地内 98.4% 需要浇灌的绿化区域采用微喷灌等节水灌溉方式。

（五）室内环境

绿色医院建筑的宗旨是“以人为本”，在节约资源、保护环境的基础上，为人们提供一个健康、舒适、高效的室内空间。室内环境质量的优劣，关乎到绿色医院建筑的建设是否成功、有意义。

1. 动力分布式智能通风系统，保障室内空气质量

项目采用动力分布式智能通风系统。系统由主风机和支路风机（房间智能风量调节模块）组成，主风机安装在主管上，智能风量调节模块安装在支路上，每个区域的风量由智能风量调节模块进行独立调节，主风机根据各个支路风机的情况自动调节主风机风量。

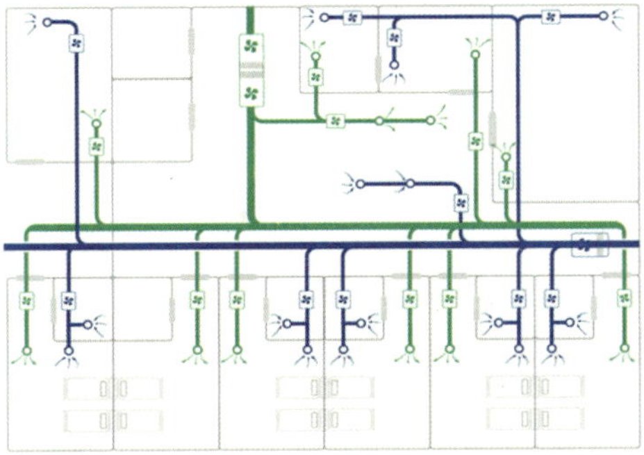

图 5 动力分布式新排风系统图示

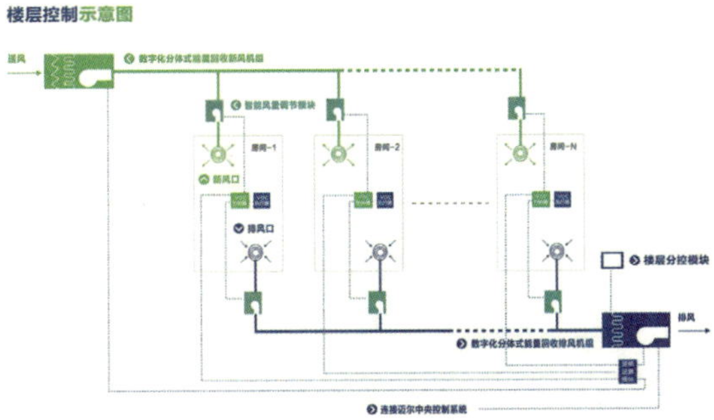

图 6 动力分布式智能通风系统原理图

通过设置在每个房间的空气品质传感器、机组附近的空气压差开关、风管温度传感器等传感器以及智能通风控制柜等外围控制器件，实现对整个系统的风量联动控制、过滤器脏堵报警等功能。房间内风量联动控制：通过设置在房间内的空气品质传感器，实时监测室内空气品质，联动新排风变风量模块，从而改变新排风变风量模块的风量，实现室内空气品质的调节，保障室内空气质量安全。通过智能的手段保障室内空气质量安全，做到“按需供应”，节约建筑能耗。

2. 医疗流程优化

（1）导向标识。医院室内外设置完整科学的导向标识系统，遵循简明性、连续性、规律性、统一性、可视性的原则，设置一、二、三级指示标识牌，为医务工作者、患者、家属和近视人员提供人性化引导，提升医疗及建筑的使用效率。

（2）就诊流程优化。综合楼南面为门诊入口，西面为住院入口和急诊入口，北面为体检入口，东面为中医 / 康复入口。各科室利用走廊、内庭院、挑空分隔开，各科室设有检查室、治疗室等。1 ~ 3 层皆设有批价、挂号、收费窗口，一层设有自助挂号设备，可进一步减少人流穿梭次数。

3. 室内声、光、热环境改善

（1）室内声环境优化。设备机房墙体均采取有效的隔声处理，设备机组采用低噪声设备，并设置减振措施。设在非机房内的吊顶新风机组（或新风换气机）用消音板封闭，空调机组、水泵等设备设隔振垫等隔振减震措施。空调器送、回风管及所有送、排风机进、出风管均设双层阻抗复合式消声器或消声弯头，送回风静压箱、旋流风口静压箱均内贴 50mm 吸声材料，穿孔铝箔或无纺布覆面。医院各边界均规划一定宽度的绿化带，可有效降低交通噪声对室内的噪声影响。

（2）室内光环境优化。通过合理的建筑布局及外围护结构优化，医院主要功能房间尽量沿边界布置，通过外窗改善室内的自然光环境及使用人员对室外景观的视野情况。项目有 75.23% 的室内主要功能房间的采光系数满足现行国家标准《建筑采光设计标准》的规定，可降低建筑室内对电照的需求，节约能耗；包含 90.44% 的病房、诊室等房间能通过外窗获取良好的室外景观，可有效舒缓使用者的心情。

地下室设置采光井，改善地下室的采光效果，地下室平均采光系数≥ 0.50% 的区域占首层地下室面积的比例为 28%。

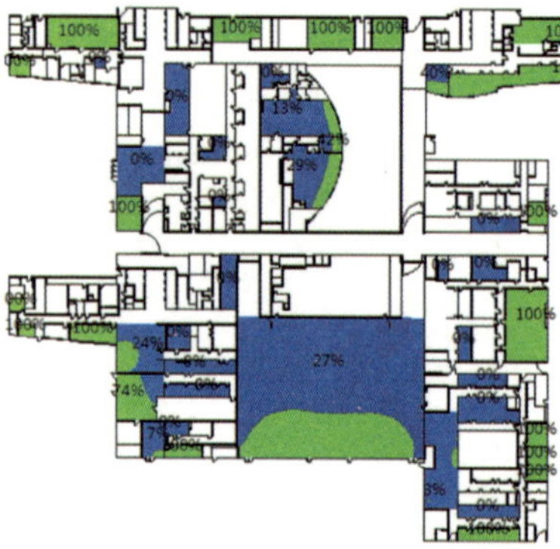

图 7 一层主要功能房间采光达标率

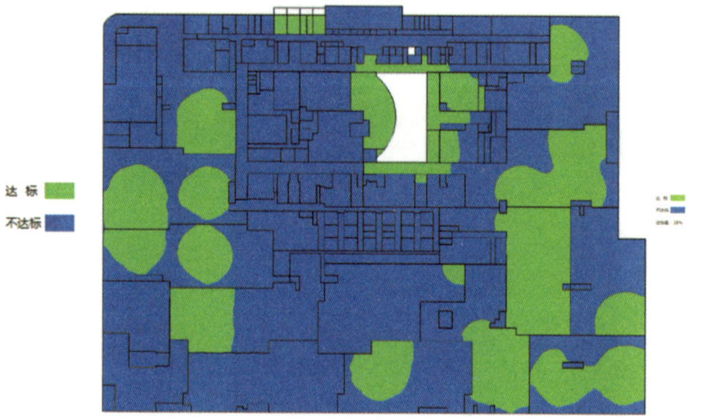

图 8 地下室平均采光系数≥ 0.5%

（3）室内热环境改善—建筑一体化固定外遮阳。三栋病房楼（A、B、C 座）建筑立面设计突出 500mm 或 600mm 的构造，作为建筑一体化的固定外遮阳，起到遮阳效果。建筑室内设置反射率不低于 0.8 的窗帘，作为可调节内遮阳措施。

项目外窗和幕墙设置固定外遮阳 + 可调节内遮阳措施的比例为 51.59%，可明显降低夏季太阳辐射得热，改善室内热环境，降低建筑的空调能耗。

（六）创新

1. 冷却水补水使用非传统水源

冷却塔补水使用非传统水源，计划收集新风机组冷凝水、高纯水废水用于冷却塔补水，并使用再生水作为补充水源。碧水蓝天环保集团有限公司再生水处理厂位于聊城市黑龙江路北、小湄河西，日处理规模为 25000m^3/d。该水厂于 2016 年开工，预计 2019 年投入使用。水厂距离本项目约 5km。本项目预计 2021 年投入使用，将可顺利使用碧水蓝天环保集团有限公司生产的再生水用于本项目冷却塔补水。

2. 主要功能房间采取有效的空气处理措施

为保障医院室内空气质量，提升患者的医疗体验，主要功能房间均设置空气质量监控系统，并设置相应的空气处理措施。

非洁净手术室、ICU、血液病区、烧伤病区、隔离病区、产科及治疗室、换药室等区域设置吊顶式空气净化器。通过自带风机独立循环的消毒模式，不间断地对室内进行杀菌处理，消除室内细菌微生物等有害污染物质。

病理室、检验室设置空气循环净化器，分解空气中的甲醛、二甲苯等有害气体，灭菌、消除异味，过滤空气。

所有病房室内设置空气质量监控系统，与新风系统联动。新风机组设置静电除尘与双波长纳米催化复合型净化杀菌器，过滤 PM2.5、杀菌并消除有害气体。

所有风机盘管回风口设置静电除尘与双波长纳米催化复合型净化装置，有效消除室内细菌。

05

重庆市巫山县中医院江东新区分院

杨锐星　丁艳蕊

一、项目概况

（一）项目简介

1. 项目实施地现状

项目位于巫山县江东新区。巫山是渝东门户，地处三峡库区腹心，跨长江巫峡两岸，东邻湖北巴东县，南界湖北建始县，西抵奉节县，北依巫溪县。幅员面积 2958 平方公里。因大巴山、巫山、七曜山三大山脉交汇县境，形成典型的喀斯特地貌，最低海拔仅 73.1m，最高海拔 2680m，立体气候特征明显。

项目用地呈不规则四边形，东北端地势较高，西南端最低，为斜坡形式。场地内现状地势南北高差约 41m，东西高差约 21m，四周环境良好，植被丰富，场地北侧中部有一条冲沟。用地现状为农用地 2.9605 公顷，建设用地 0.3954 公顷，未利用地 0.6879 公顷。

2. 主要建设内容

项目为新建公共建筑，规划总用地面积 40438.40m^2，总建筑面积 45001.06m^2，其中一期建筑面积 28550.1m^2。项目总投资约 14331.0 万元，建设内容包括门诊大楼、医技部、住院大楼、保障服务楼、行政楼、急诊楼和职工生活区。总床位数 200 床；容积率 0.6；建筑密度 17.98%；绿地率 48.02%；停车位 162 个，其中地上 73 个，地下 89 个。

图 1　项目效果图

（二）项目荣誉

巫山中医院江东新区分院于 2015 年获得国家三星级绿色医院标识，也是重庆市第一家三星级绿色医院。其意义不仅仅在于医院本身，更关乎整个重庆市绿色医院未来的发展走向。

由于重庆市地势高低起伏，气候特征为典型的夏热冬冷地区，暖通负荷对建筑的能耗影响至关重要，所以巫山中医院江东新区分院在建筑的整体能耗方面，包括外围护结构、集中空调、新风联动、冬季供暖等方面，其先进的绿色建筑技术不仅为重庆市以后的绿色医院提供了一个良好的典范，更能有力推广绿色建筑技术，不断创新技术，提升重庆市的医院建筑水平。

二、项目建设亮点

由于医院的使用群体具有特殊性，因此绿色建筑技术体系显得尤为重要，必须具有实用性、创新性、安全性等特点。绿色医院的建设包括节地、节能、节水、节材、室内环境这五大基本点，围绕这些基本点，技术的选择决定了绿色建筑的设计水平。在建设绿色医院时，必须在建筑技术的选择上考虑到地域气候、建筑规模、经济效益等多种因素，在依托人的感受基础上，实现人与自然的完美融合。

通过采用一系列绿色医院的技术体系，经计算和模拟分析，项目可再生产生热水量为17155m³/a，产生热水比例达到100%；新型热泵空调供冷量为5452096MJ/a，供冷比例达到57.8%，供热量为4549500MJ/a，供热比例达到94%；非传统水源用量为5437m³/a，非传统水源利用率为3.5%。

（一）场地优化与土地合理利用

1. 规划合理，自然采光优越

重庆地势高低落差较大，直接影响建筑物的布局，尤其是在易发滑坡、泥石流等自然灾害处，建筑物的布局显得尤为重要。项目场区为丘陵地貌，位于斜坡上，斜坡地形平缓，下覆基岩为巴东组灰岩、泥岩，场区整体稳定性好，并且场区内无滑坡、崩塌、泥石流等不良地质现象。

日照的合理利用可大大节省建筑照明能耗，所以尽可能利用自然光进行照明是建筑设计中必须要考虑的措施。由于项目建筑均为多层建筑，所以相互之间必须保持足够的距离，才基本不影响采光，满足病房楼冬至日不小于2h的日照要求，而且门诊楼设置中庭，合理利用了自然光，改善了部分室内空间的自然采光。

2. 绿地率高，打造“海绵城市”

项目所在地降雨量丰富，非常适合植被的种植，院区绿地率高达48%，并设置相关的公用设施，如坐凳、健身器材等，以满足住院病人休息和活动锻炼的需要。良好的绿色景观不但有利于改善病人的心情，更通过透水铺装、雨水回收等措施消除城市热岛效应。

（二）节能与能源利用

1. 全空气系统可变新风比运行，有效改善室内环境

医疗建筑人员密度大、流动性大，空气质量一直是待解决的问题，在保证室内质量的情况下，为了节约运行能耗，可在人员密度集中的区域设置空气品质传感器，通过空气质量的实时监测，实现新风0~100%风量调节，大大改善空气质量。

门诊楼一层门厅、保障楼负一层餐厅采用全空气系统，新风机组采用吊顶式，分楼层设置，吊装在各层楼板下；医技楼一层的X光、DSA、CT采用多联机空

调系统加独立新风系统，各空调房间采用四面出风嵌入式室内机。

在走道、大厅、候诊区等公共区域设施二氧化碳传感器，与通风设备实现联动的功能，当区域二氧化碳超标时，实现报警的同时增大新风量，即按需控制室内新风量的供给。地下车库设置一氧化碳探测装置，当一氧化碳浓度超标时，实现报警的同时增大通风量。

其他各空调房间均采用风机盘管加独立新风系统，实现末端空调系统的独立可调节。

2. 数字化节能新风机组—智能调节新风供应，实现健康空气环境

项目采用了“按需供应”的动力集中式变风量通风系统，可以根据空气品质传感器监测结果自动控制新风机的运行，调节房间新风量的大小；在充分了解医院的运行管理模式，清楚对新风需求的变化情况时，也可预设新风机的运行曲线，按需供应新风，保证室内空气品质。

采用的数字化节能新风机组是引进国内外先进高科技技术、产品而创新开发的新一代通风处理机组。数字化节能新风机组采用直流无刷式免维护型智能化风机，带有 RS485 输出接口、0~10V 传感器输出接口、4~20mA 调速开关输出接口、报警装置输出接口及主从信号输出接口，可实现 0~100% 无级调速，通过空气品质传感器实现就地/集中控制。以其高安全性、高节能、高智能化、体积小、噪声低、应用灵活等优势广泛应用于医院的空调和通风系统。

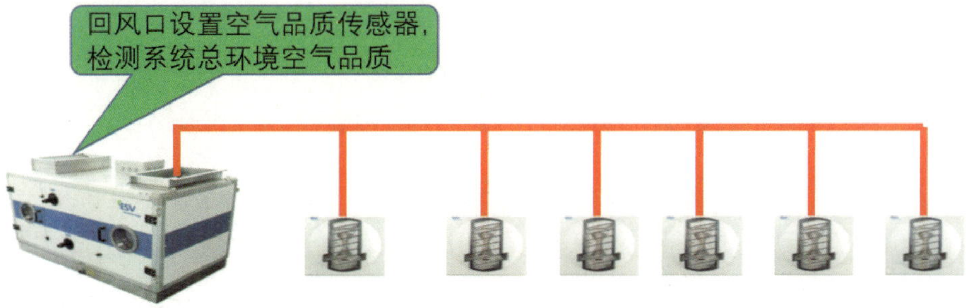

图 2 “按需供应”的动力集中式变风量通风系统形式及产品图示

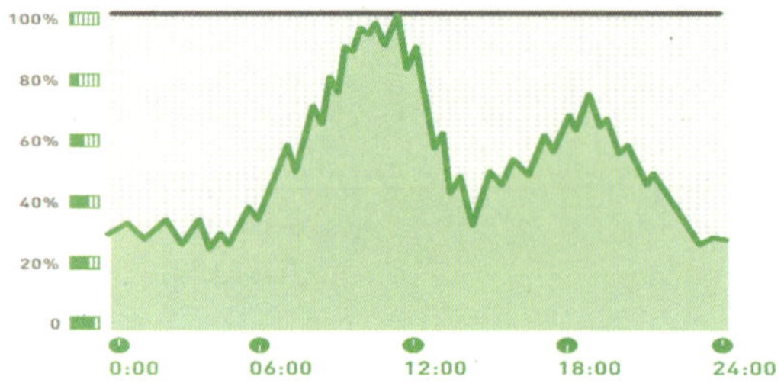

图 3　空气品质传感器自控运行曲线

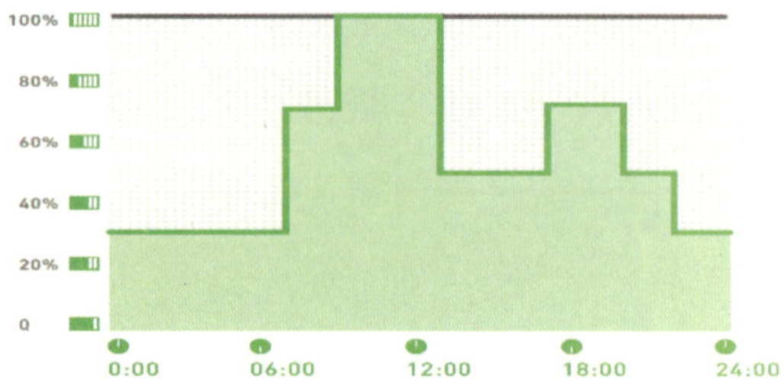

图 4　预设运行曲线

3. 复合式地源热泵系统，有效利用可再生能源

如何利用可再生能源、降低暖通负荷是建筑节能降耗的关键，而巫山的年日照时长不足，无法有效利用太阳能，所以根据项目所在地的地质条件，项目空调系统采用地源热泵 + 水冷冷水机组的复合式地源热泵空调系统。

（1）冷热源系统。系统配置螺杆式地源热泵机组和螺杆式水冷冷水机组，地源热泵机组单机制热量为 743.6kW，制冷量为 720kW；2 台地源热泵机组为部分热回收机组，夏季回收部分空调冷凝热提供建筑所需生活热水，冷水机组单机制冷量为 65.9kW。

夏季采用地埋管换热器结合冷水机组冷却塔辅助散热的方式满足夏季供冷，夏季白天优先启动地源热泵机组提供冷源，当侧冷负荷大于地源热泵机组提供冷量时，开启冷水机组共同供冷，夜间低负荷时，开启冷水机组供冷，使地源热泵机组间歇运行。

冬季全部依靠地源热泵机组提供所需热量。

（2）生活热水系统。项目住院楼采用地源热泵热水机组集中制取生活热水。生活热水设计日耗热量为 200000kJ/d，设计小时耗热量为 100000kJ/h，地源热泵热水机组设计小时供热量为 460080kJ/h。采用 2 台高温涡旋式地源热泵热水机组，供热量为 64kW。高温地源热泵机组提供 60/55℃生活热水，夏季利用地源热泵部分热回收机组提供 60/55℃生活热水。

（3）系统热平衡。

①全年负荷分布。通过全年负荷分析，项目夏季供冷量需求较大：6~10 月为

空调制冷季，平均值达到 1500kW，8~9 月的冷负荷需求最大，可达 2000kW；冬季供热量需求较主要集中在 12 月、1 月和 2 月，冬季供暖热负荷基本在 1000kW 以内。全年制冷和供暖季节冷热负荷分布图如图 5 所示。

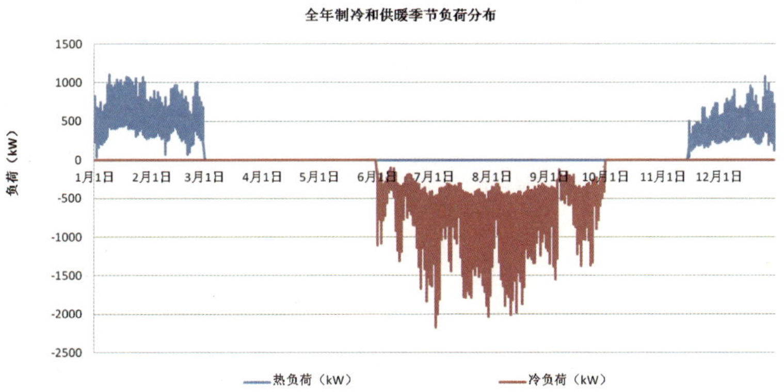

图 5 全年逐时空调负荷分布图

②热平衡分析。采用地源热泵可再生能源，保持地源热泵系统长期稳定高效运行的一个基础前提是每年夏季空调排入地下土壤的热量和冬季供暖时从土壤取用的热量保持基本平衡，即保持地下土壤的全年平均温度基本不变。项目采用地源热泵 + 冷却塔冷水机组的复合式系统的方案配置方式，通过计算分析，地源热泵系统夏季向地下土壤的总排热量为 1514471kWh，冬季从地下土壤总吸取量为 1263750kWh，总释热量与总吸热量的比值为 1.2，处于热平衡状态。

（三）节材与材料资源利用

1. 框剪结构，满足多变功能需求

医院建筑内部的功能需求灵活多变，除了常规的诊室、治疗、病房、办公室等，还需要配套其他相关功能房间，因此医院建筑的结构选型决定了各功能房间布局的合理性。项目选择框架剪力墙结构，在框架结构中布置一定数量的剪力墙，构成灵活自由的使用空间，满足不同功能的要求，同时又有足够的剪力墙，有相当大的侧向刚度。

2. 节约材料，土建装修一体化

随着时代的发展，建筑设计与装修设计的各个元素之间都是相互影响、相互

制约、相互发展的。项目在建筑设计的初期，室内装修由建筑、电气等相关专业提前介入，针对建筑设计中不合理的地方进行改造，两者结合起来，统一设计。建筑的先期设计构成中已经给室内设计埋下了伏笔、预留了发展的思维创造空间，使得室内设计具有更为灵活的设计张力和伸缩性。

（四）节水与水资源利用

巫山水资源丰富，年降雨量达 1049.3mm，合理设置雨水回用设施，可有效节约水资源的消耗。项目单独铺设一套雨水管网，收集屋面以及路面雨水。经初期弃流后的雨水，进入雨水处理器，经沉淀、过滤、吸附、消毒后储存在清水箱用于绿化灌溉。蓄水池、清水箱采用埋地 HDPE 模块，蓄水箱容积 120m³，清水箱容积 14m³，雨水年利用量为 5437m³/a，利用率为 3.5%。

屋面雨水和路面雨水通过过滤弃流装置后进入雨水收集模块。经前期弃流后，通过增压泵增压进入雨水处理器，进行消毒处理，而后进入清水箱，由供水泵输送至各浇灌点和冲洗点。雨水收集效果如图 6 所示。

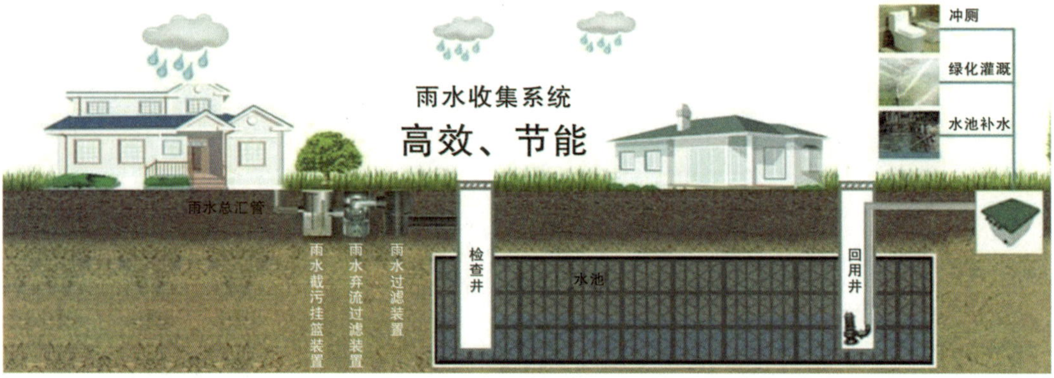

图 6 雨水收集利用工艺流程

（五）室内环境

建筑物外遮阳可以有效阻挡太阳辐射，降低室内温度。项目地处夏热冬冷地区，夏季太阳辐射强度较大，本项目建筑布局为北偏东 15°，通过模拟，建筑西立面和南立面外窗受到的太阳辐射强度较强，而西立面仅有走道外窗，综合考虑，在建筑南立面外窗处设置了活动外遮阳。

因建筑均为6层以下的多层建筑，且重庆地区常年室外风速较小，综合考虑投资问题，采用了手动织物卷帘外遮阳。夏季中午时分太阳辐射最强，此时，可以手动拉下外遮阳卷帘，减少进入室内的太阳辐射热，同时可减弱自然光线，提供良好的午休环境；其他时间可以收起外遮阳卷帘进行充分的自然采光和自然通风。

三、项目运行效果

项目采用了高能效等级的冷热源机组，照明功率密度按照目标值设计，风机单位风量耗功率以及系统输送能效比均满足《公共建筑节能设计标准》的要求。通过全年能耗模拟分析可知，设计建筑全年单位面积总能耗为参考建筑的74.52%，满足建筑设计总能耗低于国家批准或备案的节能标准规定值的80%的要求。

（一）经济效益

项目位于典型的夏热冬冷地区，三星级绿色建筑采用地源热泵空调系统、雨水回收、全空气新风调节、建筑外遮阳等技术，结合医院建筑的功能特点，充分考虑项目绿色建筑的投资增量，做到绿色建筑技术性价比最优。

项目一期建筑面积约28550.1m^2，总投资约14331.0万元，根据项目自身条件、设计思路，采取三星级绿色建筑技术后，绿色建筑总增量成本预估约276.4元/m^2，静态投资回收期约7.2年，动态回收期9.4年。

（二）社会效益

作为重庆市第一个三星绿色医院，重庆巫山县中医院江东新区分院整合现有资源、因地制宜，经过建设单位、设计单位、咨询单位以及其他相关单位的共同努力，打破设计思路框架，以医务人员、病患及其他人员的感受为基准，选择了符合医院实际、价值较高的绿色医院技术体系。从医疗建筑的耗能特点入手，不断改善室内空气质量，充分利用可再生能源，提高医院智能化、信息化水平，进一步降低自身能耗，发挥医院自身优势，为巫山县、江东新区及周边地区的人民提供了一个健康、绿色、科学的医疗环境，成为巫山地区的标志性工程。

06

重庆市云阳县中医院迁建工程

龙泉　王珊　邓晓梅　许蜀榕　丁艳蕊

一、项目概况

（一）项目简介

云阳县中医院是三峡工程淹没搬迁重建的县级医院，新址位于新县城北城大道 618 号，于 2015 年搬迁建成，是云阳县第一家集医疗、教学、科研、培训于一体的现代化中医龙头医院，国家三级甲等中医院、重庆市示范中医院、重庆市市级文明卫生单位、全国精神文明建设工作先进单位、云阳县首届价格诚信单位，综合实力位居全市中医医院前列。

（二）项目荣誉

一期工程于 2015 年 6 月达到相应国家绿色建筑设计标识和重庆市绿色建筑设计标识的要求，取得重庆市绿色建筑设计金级标识，并报住房和城乡建设部备案后，取得国家绿色建筑设计二星级标识。

图 1　云阳县中医院效果图

多项绿色建筑技术的应用，使得医院的就医环境明显改善，服务层次得到了极大提升，为医院创品牌、树形象、扩大影响力打下了基础，促进了医院长远良好的发展。同时，本项目绿色建筑标识的成功申报和良好运营，对云阳县绿色建筑项目的建设以及绿色医院建筑的推广起到了积极的示范作用。

二、项目建设亮点

（一）场地优化与土地合理利用

1. 选址

项目用地位于云阳县稻场村，在云阳县新县城修编规划的北部新区创业大道北侧，项目区属剥蚀丘陵斜坡地貌，东、西、南三面为空地，总体地形平缓，坡度一般小于 15°，局部 20° ~ 30°，海拔在 320.1m ~ 327.4m。

根据地表工程地质调查和钻探揭露情况分析，建设场地环境稳定，无滑坡、泥石流、土洞、塌陷等不良地质现象。

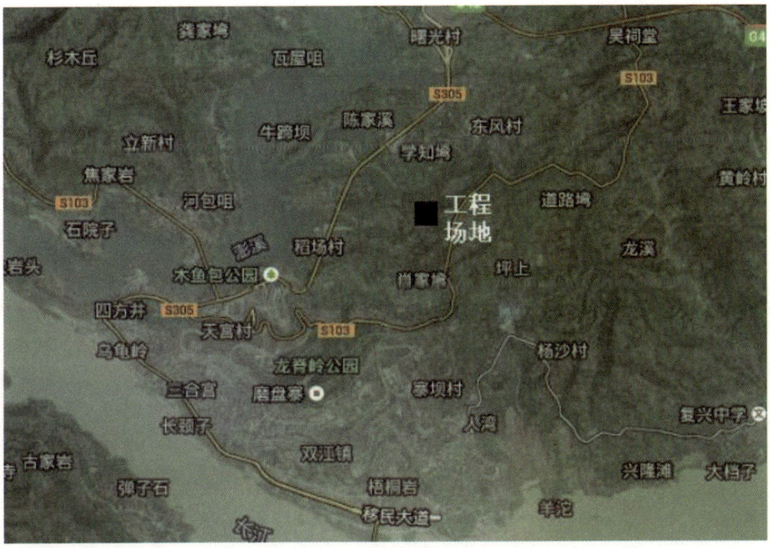

图 2 项目位置

项目场地根据《民用建筑工程室内环境污染控制规范》（GB 50325—2010）要求进行了土壤氡检测，工程基础范围内各检测点氡浓度平均值为 3822 Bq/m^3，土壤氡浓度不大于 20000 Bq/m^3，不存在氡气危害，不需要采取防氡工程措施。

项目场地西临创业大道、云盘岭公园，南临纱帽梁生态公园，西面可远眺澎溪河，位置适中，交通便利，配套设施齐全，且项目建设场地土地使用性质及规划布局均满足云阳县城市总体规划和控制性详细规划的要求，因此项目选址适宜。

2. 规划布置

项目建设规模为 500 床三级甲等中医院， 共建 6 栋建筑，包括门诊急诊医技楼、住院综合楼、培训体检中心、行政办公楼、后勤辅助综合楼、老年康复中心，分三期建设完成。总用地面积 51500.26m²，建筑占地面积 12360m²，容积率 0.85，建筑密度 24%。声测量及噪声模拟结果（见图 3 和图 4）显示，门诊大楼临近城市主干道，受附近的环境噪声影响最大，白天为 58dB，夜间为 51dB，满足四类类别城市市政道路旁建筑噪音值不高于 70dB 的要求；住院大楼由于受到门诊大楼遮挡，周边白天噪声值为 16~46dB，夜间噪声值为 8~38dB，满足《声环境质量标准》（GB 3096—2008）一类功能区要求（白天 55dB，夜间 45dB）。光环境模拟结果显示，75% 以上空间采光系数满足标准要求，住院楼设采光窗以改善地下室采光。项目绿地率 38%，超过绿建标准最高 35% 的要求，可缓解城市热岛效应。

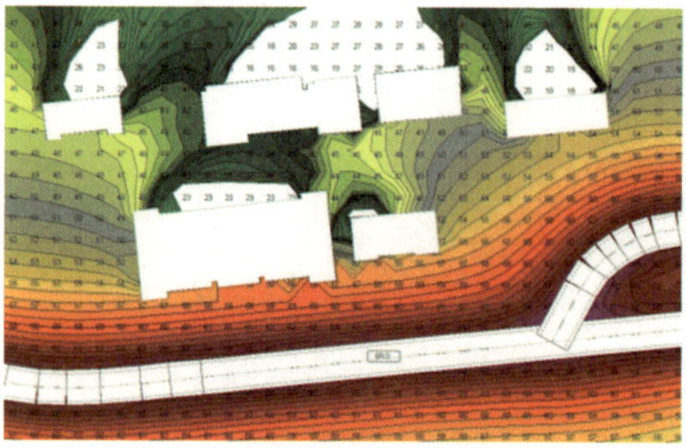

图 3　白天项目周边噪声值

图 4　夜间项目周边噪声值

3. 景观绿化

绿化物种选用了桂花、香樟、天竺桂、小叶榕、碧玉竹等乡土植物，能适应当地的气候和土壤条件，减少人工灌溉和维护的频次，达到节水和节省人力成本的目的。

4. 场地交通

项目的交通组织遵循人车分流的设计理念。合理组织设计医院内外各种流线，就诊人流、医院工作人员流线、机动车辆流线各行其道，既方便使用又不相互干扰。

项目所处地为规划新区，建设用地正对规划中的创业大道，西南角临稻场路，新区公交线路开设 3 条，场地东北角与西南角设有地下车库出入口。

5. 合理利用地形高差和地下空间

为满足放射科、太平间、洗衣房、地下停车库、配电房、设备机房（如消防储水池、生活储水池、泵房及雨水收集池、变配电所、单元配电间、通信机房等）、停车场等功能房间的需求，项目建设地下楼层，其中住院楼地下有 2 层，门诊楼地下仅 1 层。地下建筑面积为 9943m^2，建筑占地面积为 12360.1m^2，地下建筑面积与建筑占地面积之比例为 80.4%，高于绿建标准要求的 70%，充分但并未过度进行地下空间的开发利用。

6. 室外透水地面

本项目采用透水砖、植草砖、绿地等透水措施，室外透水地面面积为 17660m^2，透水面积比达 45.12%（室外地面面积为 39140.16m^2）。室外透水地面的设计能够使雨水迅速渗入地表，有效地补充地下水，缓解城市雨水管网的压力和城市热岛效应，平衡城市生态系统。透水地面还能通透“地气”，使地面冬暖夏凉，雨季透水，冬季化雪，提高城市居住的舒适度。另外，由于透水地面孔隙多，地表面积大，对粉尘有较强的吸附力，可减少扬尘污染。

（二）节能与能源利用

1. 高能效冷热源

项目系统热源为后勤辅助综合楼锅炉房全自动燃气卧式常压热水锅炉，热效率大于公共建筑节能设计标准要求的 90%。

门诊急诊综合楼及住院综合楼冷源为 2 台水冷离心式冷水机组及 2 台水冷螺杆式冷水机组，住院综合楼 14 层手术室及 13 层 ICU 病房冷源为 1 台风冷螺杆式冷水机组，各冷水机组的性能参数见表 1。本项目选取的冷热源皆为高能效产品，能够高效利用电能，从而实现节能。

表 1　冷水主机性能参数

编号	设备类型	额定制冷量（kW）	性能参数（W/W）		
			实际设备	标准要求	提高百分比
1	水冷离心式冷水机组	2110	5.93	5.10	16.3%
2	水冷螺杆式冷水机组	1096	5.61	4.60	22.0%
3	风冷螺杆式冷水机组	562	3.23	2.80	15.4%

2. 水系统分区自动控制

项目空调水系统按使用时间进行分区，将日常使用的门诊楼和连续使用的住院楼分开，门诊医技楼又按使用功能分为左右两个区域。冷水机组与冷冻水泵一对一配置，冷水机组均自带微电脑控制盘，能根据单台机组的出水温度对机组自身进行容量调节。此外，冷冻泵采用了变频技术，能够根据供、回水间的压差控制水泵的频率。在实际运行中，当部分负荷使用时，冷冻泵频率会降低，冷机的功率也会降低；当负荷继续降低时，可关停部分冷冻泵和冷水主机，从而降低系统的能耗。

3. 采光与照明

项目充分利用自然光进行采光。门急诊部以入口门厅和中部庭院为核心，南北向布局。建筑整体呈“圭”字状，功能模块间以多个绿化庭院相间，为建筑带来良好的采光效果：门诊楼 96.16% 空间采光系数满足标准要求；住院楼 76.6% 的空间采光系数满足标准要求。

住院楼南面地下室设置采光窗，改善了地下室采光，有、无采光井的采光效果对比见图 5 和图 6。

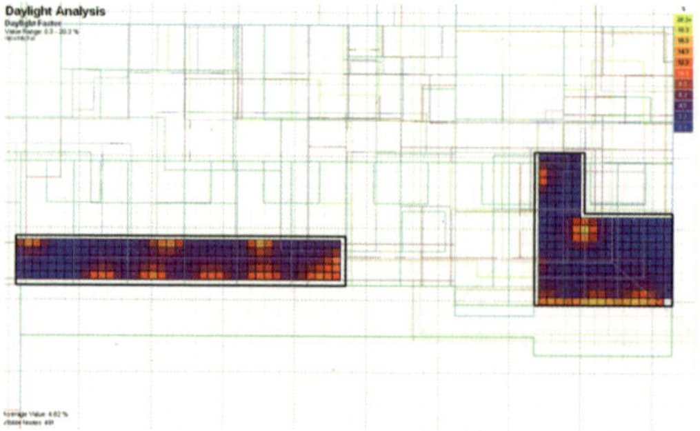

图 5　有采光井的地下室局部区域采光效果图

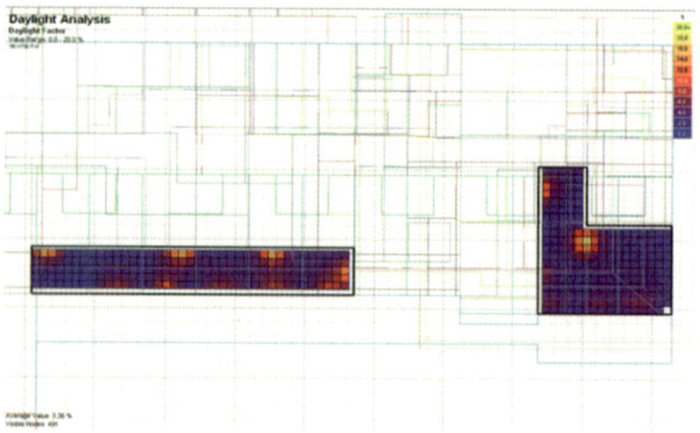

图 6　无采光井的地下室局部采光效果图

照明设计中，各房间或场所的照明功率密度值不高于现行国家标准《建筑照明设计标准》（GB 50034—2013）规定的目标值，且所有灯具均采用节能型产品：一般场所为三基色 T8 或 T5 节能荧光灯带电子镇流器、紧凑型电子节能灯等高效光源；一般医疗场所及公共场所的荧光灯采用嵌入式带透明罩的洁净型灯具，走廊采用方形带透明罩嵌入式节能荧光灯。

同时，公共场所的照明按建筑使用条件和天然采光状况进行分区、分组，运行时可集中控制，并可按需要对其采取调光或降低照度的控制措施。不经常使用的场所采用节能自熄开关，减少无人时照明的开启时间。应急照明灯具有自动点亮的措施。

4. 各部分能耗独立分项计量

项目对照明、空调、动力、医疗用电设备等进行分项计量，电能计量装置选用经计量检定机构认可的用电计量装置，能够实现在计算机软件上对电压、电流、有功电度、无功电度、有功功率、无功功率、功率因数、谐波含量等参数的监测，以便运行阶段对电能进行了解和管理。

（三）节水与水资源利用

本项目最高日总用水量 1221m^3，其中生活用水 573m^3，其他为冷却循环水，最大时段生活用水量 98.5m^3/h。水源为供水压力 0.25MPa 的市政供水，由市政引入 2 根给水管在院区内形成环路，分三路供水。

通过供水分区、加装减压阀等措施，保障供水稳定性，同时也保证各用点水的水压不大于 0.3MPa，达到绿色建筑标准的要求。

生活热水采用机械循环系统，每天定时开启，集中将热水供应到各用水点，热水分区同空调冷水分区。热水箱设置在建筑物房间内，且设备和热水供回水管道采用厚岩棉管壳、玻璃纤维布、铝箔等制作的保温层，保温性能、防火性能、化学稳定性及耐久性良好。

卫生器具选用节水器具，满足《节水型生活用水器具标准》（CJ/T 164—2014），其中大便器采用节水型水箱，手术部等洗脸盆为感应式龙头，其他龙头均为液压脚踏阀。

本项目的绿植灌溉采用了滴灌方式，比传统的地面漫灌节水 50%~70%，比喷灌节水 15%~20%。

为避免因管网漏损而造成水资源的浪费，项目给水管均采用性能好、零泄漏的管材和阀门，室外管网埋设时避开机动车辆碾轧道路；且按用途，在住院部各层供水管进口处、病房热水供水处、门诊急诊综合楼供水管进口处、绿化灌溉用水管、冷却塔补水管处设置用水计量水表，以便使用时能够监测各层的用水情况，及时发现和解决用水异常情况。

（四）节材与材料资源利用

项目整体造型简约大方，未设置不具备遮阳、导光、导风、载物、辅助绿化等作用的飘板、格栅和架构。

建筑中采用的可再循环和可再利用建筑材料，可以减少生产加工新材料带来的资源、能源消耗和环境污染，具有良好的经济、社会和环境效益。本项目选用的可再循环材料主要包括钢材、铜、木材、铝合金、石膏制品、玻璃；可循环材料使用重量 4597.6t，所有建筑材料总重量 22791t，使用可再循环建筑材料的重量占所有建筑材料总重量的 20.17%，高于绿色建筑评价标准要求的 10%。

（五）室内环境

项目采用海润智能通风系统，新排风机根据室内的实际需求，通过空气品质传感器自动调节风量大小，系统全自动化变风量运行。同时，配备了手动调节装置,集中控制与就地控制并行，满足室内人员对环境品质的需求，保证系统的舒适性和节能性。

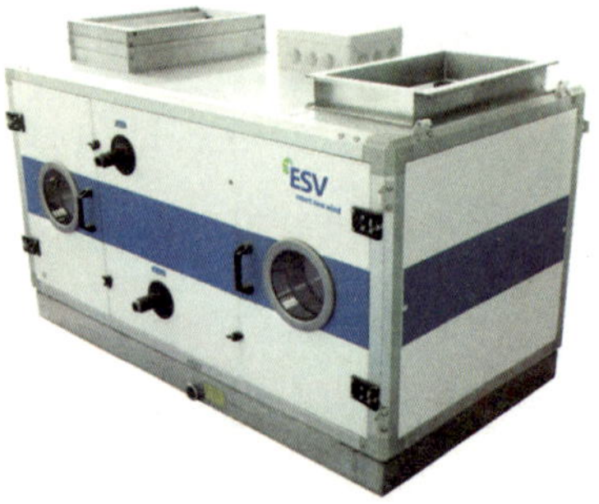

图 7　海润数字化节能新风机组

门诊大厅、走道等开放式空间的风系统采用了全空气系统，病房、检查室等独立空间则采用风机盘管 + 海润智能新风系统。采用平层送风平层排风布置方式，严格按功能性质进行分区，设置独立的排风系统，如病房层的医护人员办公区与病房区分别设置独立的排风系统，以避免污染通过风管回流造成空气交叉感染。

通风系统采用了智能中央控制管理系统，门诊楼和住院楼都拥有7组子控制系统，覆盖了每个楼层。该系统可对系统中所有的主机进行集中远程控制管理、通讯、实时监测和控制。其控制原理为：房间装有空气品质传感器，能够实时监测到室内的PM2.5、CO_2、含尘浓度、VOC等污染物，集中控制系统根据接收到的房间污染物浓度信息自动调节风机的转速，以控制风量的大小，即当室内空气质量较差时，提高风机转速增加通风量；当室内空气质量较好时，降低风机转速，减小通风量。此外，当室内空气品质超过设定的限值时，监控系统还会产生报警，以提醒管理人员采取其他措施降低污染物浓度或疏散室内人员，以避免对人体造成伤害。

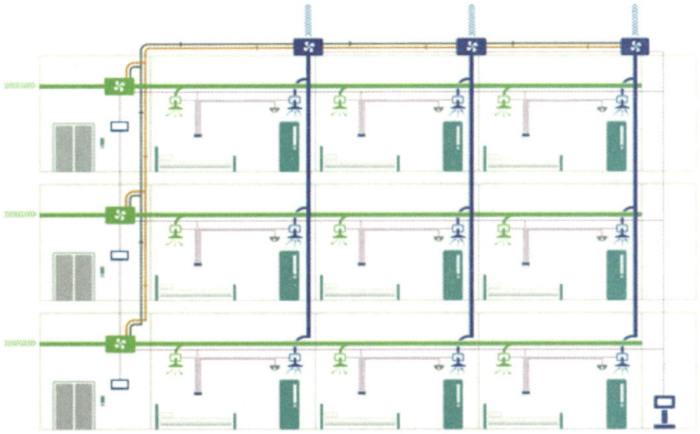

图8 平送平排通风系统布置示意图

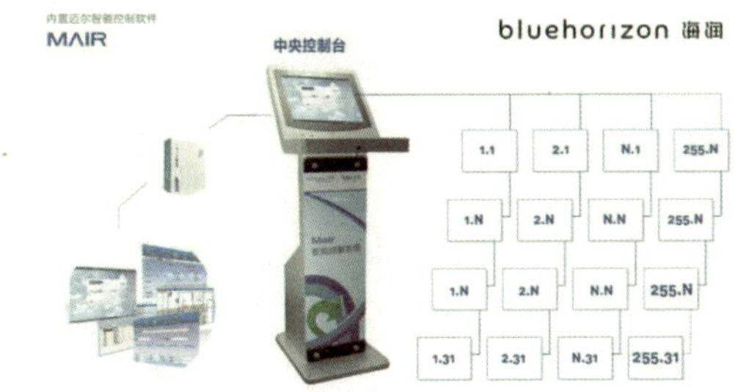

图9 通风系统监管集中控制平台

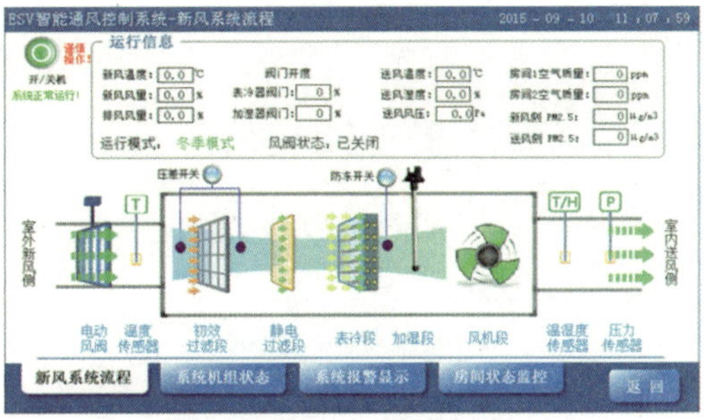

图10 通风系统风机监控界面

智能通风系统可实现精准控制、按需通风，高效而节能。但为了满足不同人员特殊情况的需求，房间设有风机控制面板，可自行切换“自动调节风量模式”

和“手动调节风量模式”。“手动调节风量模式”下，室内人员可根据需要自行设定房间风量。

三、项目运行效果

（一）节能效益

图 11~12 是本项目 2017 年一整年的逐月电耗和气耗数据。由于夏季使用电机驱动的水冷机组供冷，冬季使用燃气锅炉供热，本项目用电高峰出现在 7~9 月，用电低谷出现在 11 月；而用气高峰出现在 12~2 月，用气低谷出现在 5~11 月，逐月电耗和气耗曲线合理。

图 11 2017 年逐月电耗

图 12 2017 年逐月气耗

计算项目单位面积年电耗、气耗指标，与夏热冬冷地区同类建筑的平均指标对比可发现，由于本项目采用了高能效设备、智能空调末端控制系统、节能型灯具等多项节能技术，单平方米年电耗比同地区同类建筑低 19.4%，单平方米气耗比同地区同类建筑低 44.9%，节能效果显著。

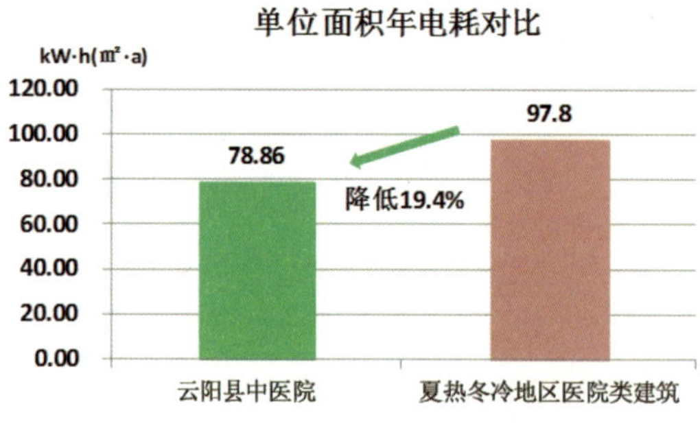

图 13 单位面积年电耗对比

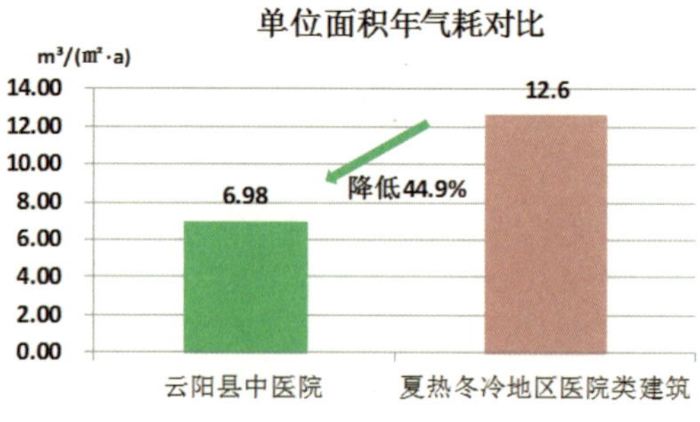

图 14 单位面积年气耗对比

（二）社会效益

1. 满足广大人民群众就医的需要

近年来，随着改革开放的不断深入，国民经济的快速增长，城乡居民收入的持续增加，城镇化、工业化、人口老龄化进程加快，人民群众的健康意识不断增强，对卫生医疗的需求越来越旺盛。本项目的建设不仅能为新县城近 20 万人（含流动人口）提供医疗卫生保障服务，还将辐射全县所有乡镇以及周边区县乡镇的 160 多万居民，为广大人民群众的就医需求提供一个良好的解决途径。

2. 满足云阳县中医院自身发展的需要

云阳县中医院老院区占地 12 亩（8000m^2），拥有 11952m^2 的职工宿舍和 9095m^2 的门诊、住院、办公综合楼；后经三次加层扩建，业务用房总面积近 10000m^2。但老院区与国家二甲医院建设标准仍有较大差距：批准编制病床 210 张，尚有 40 张无法开放；住院病房每床使用面积仅 6m^2，与国家二甲医院每床 11m^2 的要求相差 5m^2；价值 800 多万元的大型先进医疗设备按规定标准要求，螺旋 CT 室需 260m^2，DR 室需 300m^2，800MAX 线造影室需 310m^2，但因没有房屋，三样大型设备只能挤在不足 200m^2 的地下室内进行操作；医院中医骨伤科是国家中医药管理局批准的国家级中医特色专科建设项目，针灸推拿科、肛肠科是重庆市中医机构特色专科建设项目，但由于基础设施面积达不到标准，评审验收推迟；还有一些中医药特色科室，如肾病科、脾胃病科、肿瘤科、五官科等，本应设置单科病区，发展特色医疗业务，却因无就诊场地而无法发展。

项目的实施改善了云阳县中医院的配套设施，为医院各特色科室的发展提供了良好的场所。同时提高了医院的医疗卫生水平，为当地群众提供更好的就医条件，扩大医院在当地的影响力，为医院带来更好的发展。

07

北京大学国际医院

李立荣　刘世华

北京大学国际医院位于中关村生命医疗园西北部的 A-2 地块，2002 年 7 月，由时任北京市委书记贾庆林批复同意建设，2014 年 12 月 5 日北京大学国际医院开业。医院由北大医疗产业集团有限公司开发建设，方正集团负责医院发展所需资金支持，是一所与国际接轨的、医疗、教学、科研一体化的非营利性大学医院，将社会资本办医的理想照进现实的构想。北京大学国际医院依托北京大学医学部及各附属医院给予专家支持、学科建设、人才培养、质量控制及管理模式，全面整合了北京大学的优势医疗资源。院方秉承“博爱、尊重、精勤、卓越”的理念，以“建设国际一流医院，领跑医疗体制改革”为使命，为建设全面综合性医院而奋斗。

北京大学国际医院在建设医院之初，经过 3000 多次的专家论证，秉承着超前的设计理念，严谨的绿色施工管理，以及高效节能的运营管理，已经通过专家评审，达到国家《绿色医院建筑评价标准》运营二星级标准。

图 1　北京大学国际医院效果图

本文从场地优化与土地合理利用、节能与能源利用、节水与水资源利用、节材与材料资源利用、室内环境质量、运营管理、创新七个方面出发，重点阐述北京大学国际医院在建筑的全寿命周期内为打造绿色医院而作出的努力。

一、项目概况

（一）项目简介

北京大学国际医院总占地面积 297 亩，总建筑面积 44 万平方米，一期用地面积为 174492.15m^2，建筑面积为 313666m^2，主要包括科研教学及肿瘤中心楼、感染楼、医疗综合楼，总投资额 50 亿元人民币，核准床位数 1800 张，手术室 48 间（其中，介入手术室 7 间），ICU 床位 171 张，是亚洲最大的单体医疗建筑，是北京市最大的社会资本投资的非营利性医院。项目按照国际化标准规划配置大型医疗设备，设备总投入约 10 亿元人民币，其中 50 万元以上的中大型设备总计投入 5 亿元，目前，82% 的设备已投入使用。医院通过自建、共建、医生团队模式，现已有 65 个学科全面开放，有 22 个学科获国家级重点专科项目。

（二）项目荣誉

从规划、设计、施工、设备材料选型到运营管理，北京大学国际医院一直秉承着“绿色、环保、节能、高效”的理念，并融入到每一个环节。绿色施工是绿色建筑的重要阶段，也是绿色理念能否落地的前提。项目根据国家及北京市相关要求，研究制定各项绿色施工规章制度，鼓励研究绿色施工创新技术，积极推广绿色施工新技术，推动项目的绿色施工标准化管理，最终获得北京市结构长城杯金奖、北京市绿色施工文明样板工地、AAA 级安全文明标准化工地、中国施工企业管理协会科技技术创新成果二等奖等多项荣誉。在绿色医院建设方面，目前已在北京市住房和城乡建设科技促进中心通过二星级绿色医院建筑运行标识评审。

二、项目建设亮点

（一）场地优化与土地合理利用

1. 选址与平面规划

北京大学国际医院在场地选址、建筑规划设计和选材过程中，从声、光、风环境等多角度出发，选择适宜的绿化物种，设计合理的场地交通组织，实现了建筑技术与建筑艺术的完美结合。为了降低交通噪声对主要功能房间的影响，住院楼等建筑距离城市主干道较远，中间种植大量植物，经过距离的衰减和绿化带的双重降噪，可以为患者营造一个安静的住院环境。同时住院楼东西向跨度为360m，病房采取全南向病房设计，白天采光充足，给患者提供舒适的居住环境。针对北京市的风环境和项目场地的地形特点，充分考虑过渡季节、夏季自然通风以及冬季人行活动区的防风措施，对建筑方案进行了优化设计。为给患者和医疗工作者提供温馨舒适的就医和工作环境，项目在住院楼南侧、门诊楼东侧、肿瘤科研楼下沉广场、空中花园等处规划并建有立体景观，绿地面积高达7万平方米，占项目用地的36.3%。

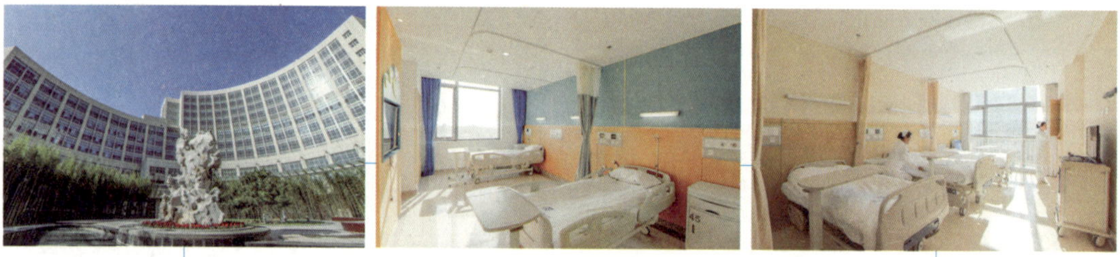

图2　全南向病房图

图3　绿化效果图

2. 交通设计

项目在交通布局上充分考虑了功能分区及人车分流，各主要出入口均按能最快到达功能区域的方式设计，内部设置人行道路连接各功能区域。人行、车行出入口的设置可满足人流、车流通行需求，能够有效降低对周围交通道路的影响。项目主入口 200m 以内有 2 个公交站点，便于市民绿色出行。同时为方便员工上下班，项目开通了 7 条班车路线的通勤班车，乘坐率基本达到车辆荷载人数的 90%。项目在医院的主要出入口设有非机动车停车位，并设有遮阳挡雨措施，以鼓励市民使用自行车等绿色环保的交通工具。为了鼓励市民使用新能源汽车，响应国家号召，医院在西侧建设了 10 个充电桩车位，为员工及患者的电车出行提供便利。急救车设有专门出入口，路线上有显著标识，方便急救车辆出入。

图 4 班车停车处

图 5 新能源汽车充电桩

图 6 自行车停车场

图 7 急救车通道

（二）节能与能源利用

1. 项目采用了多种措施来降低建筑空调能耗

（1）冷水机组均选用高效、节能产品。肿瘤楼、住院楼、医技楼的冷源均由动力中心的离心式冷水机组提供，感染楼由风冷热泵提供，机组性能均优于国家规范的要求。

（2）采用热回收技术。新风系统采用带热回收装置的机组，可以回收排风中的能量对新风进行预冷或预热，减少能耗损失。

（3）合理应用变频技术。风系统全部采用变频技术，水泵全部采用变频控制，可根据负载大小自动调节功率，达到节能降耗的目的。经过能耗计算，项目能耗降幅可达 13.19%。

2. 项目充分贯彻节能减排的理念，照明系统主要选用 LED 灯具

图 8 LED 节能照明

除特殊用房外，90% 以上的室内照明功率密度值满足《建筑照明设计标准》的目标值要求，从根本上降低了电能的消耗。另外，项目设有智能照明系统，可以对公共区域、各科室照明进行远程控制，病房可以根据灯具种类独立分开控制，在满足相应功能区域照度的基础上，从控制策略上降低照明能耗。

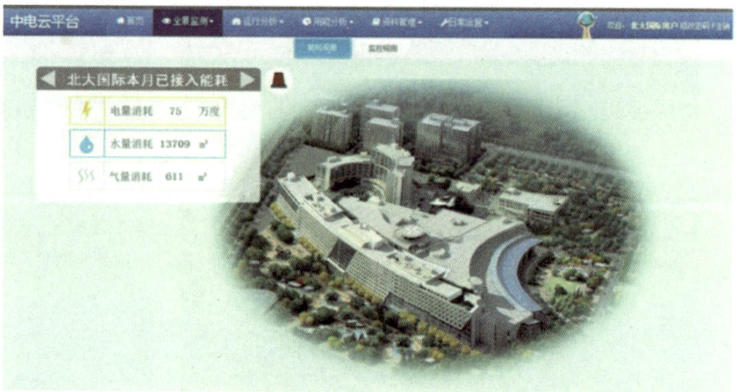

图 9 能耗计量平台

3. 实现了能耗的分项、分区、分户计量

项目电表设置齐全，可以实现对于冷热源系统、输配系统、照明、医疗设备设施等各部分能耗的分项、分区、分户计量。同时设有能耗分项管理平台，数据具有实时性、可存储性和可分析性，方便集中管理、了解建筑内各系统的能耗情况，进而调整并优化运行策略，节约能耗，降低运营成本。

4. 利用太阳能光伏发电，降低电网负荷，节省用电费用

图 10 光伏发电系统界面

工程设置了光伏电站，共安装 1738 块 290W 高效单晶光伏组件、414 块 120W 薄膜 CIGS 组件、108 块 265W 多晶双玻组件，17 台 33kW 华为组串式逆变器、3 台 20kW 古瑞瓦特组串式逆变器，总安装容量为 582.32kW。光伏电站采用“合同能源管理模式”，院方用户侧的平均电价为 1.14 元 /kWh，光伏电站 EMC 合同电价按 7.6 折销售给医院，即 0.86 元 /kWh，供医院照明使用。电站年发电量约 75 万度，医院能够全部消纳，在节约运营费用的同时，也降低了市政电网的压力。

（三）节材与材料资源利用

从建筑全生命周期的角度考量，在建筑设计、选材和施工中，项目尽量选用可再循环材料、高性能建材、耐久性内装材料、本地建材、预拌混凝土及预拌砂浆等，并将施工过程中的固废等进行分类回收，有效降低建材用量。经统计计算，本项目 HRB400 级及以上等级受力普通钢筋用量的比例为 89.8%；施工现场 500km 以内生产的建筑材料质量占建筑材料总质量的比例为 90.64%；预拌砂浆使用比例为 100%；预拌混凝土使用比例为 100%；施工过程中废弃物回收的种类包括金属类、纸类、模板、木方、建筑废渣等，回收率为 90.91%。另外，内墙涂料采用耐擦洗性的建材，地面采用橡胶地板、陶瓷砖、PVC 板等耐污性、耐磨性指标均满足相应规范的要求，内墙墙面、门垭口等位置均设有防撞设施，从耐冲击性、耐磨性、耐擦洗性、易清洁性等方面全方位考虑，以达到减少材料损耗的目的。

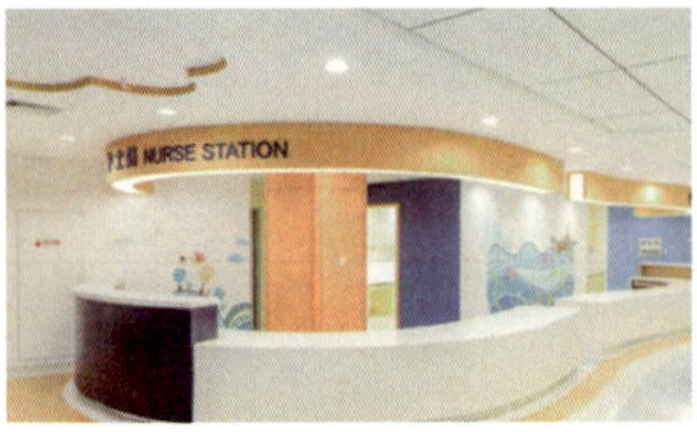

图 11 耐擦洗建材

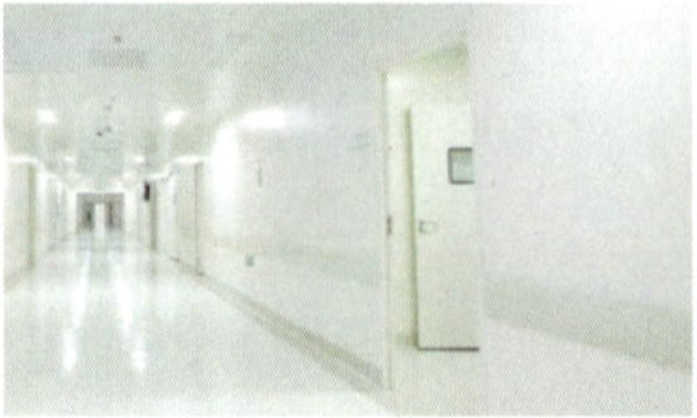
图 12 防撞带

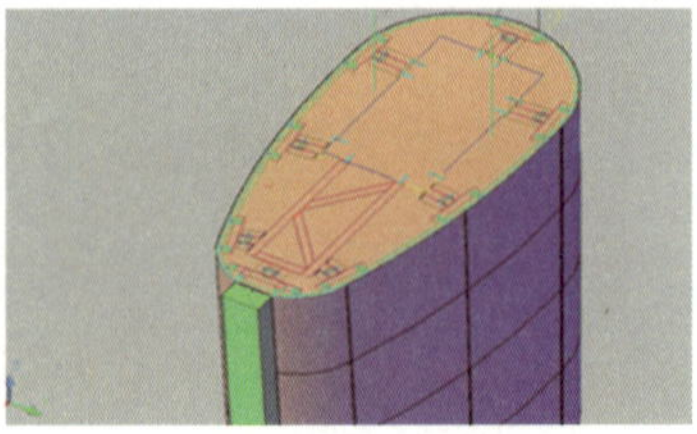
图 13 门厅梭形柱石材分隔图

项目全面推广并应用了 2010 版《建筑业 10 项新技术》中的 10 项以及 34 个子项推广技术，其中应用绿色施工技术 6 个子项，主要包含基坑施工降水回收利用技术、雨水回用利用技术、预拌砂浆技术、外墙自保温体系施工技术、工业废渣及（空心）砌块应用技术、铝合金窗断桥技术。

门厅梭形柱装修均为异形柱，石材安装质量、平整度等较难控制。故本项目利用 BIM 技术对图纸进行深化设计，通过 revit 软件，建立梭型柱石材装饰的模型，确定每块石材的大小、形状及弧长，通过石材的分隔及位置，在模型中直接确定出每层角钢龙骨的位置、长度等数据。通过 BIM 技术的推广和使用，在节约人工、材料的情况下，很好地提高了石材的安装质量，从根本上保证了工程的质量和现场的安全文明施工。

（四）节水与水资源利用

为节约高质水的使用，经过全面的技术经济比较，北大国际医院做了多方面的努力。

（1）项目自建雨水回用系统。共设置两座 400m³ 的雨水收集池，收集屋面、路面雨水，经弃流、过滤、紫外线消毒等处理之后用于室外绿化浇洒、水景补水等，根据实际运行数据统计，年雨水回用水量可达 5574m³。

图 14 RO 浓水回收系统

（2）项目在建筑内部建立了中水系统，为后期市政接入园区中水做好了准备。

（3）项目设有 RO 水回收系统，消毒供应中心和口腔科内镜中心每年可回收 RO 浓水 1225.2t，用于冲厕使用，以达到节约用水的目的。

（4）项目各用水设备均选用节能、节水型产品。室内卫生器具均为节水型，供水采用变频供水设备，地面及室内冲洗采用节水型高压水枪及节水型洗地机，室外绿化区域采用固定式微喷灌系统与移动式滴灌系统相结合的形式，冷却塔集水盘实际尺寸相较设计有所提升，避免溢水现象。

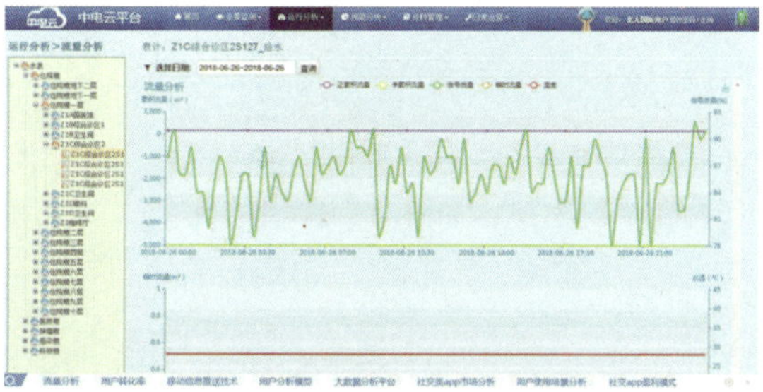

图 15 用水分项计量平台

项目通过采用多种节水技术，极大地减少用水管网末端用水量，降低了水资源的浪费。

（5）本工程设有用水分项计量平台，方便项目分析各部分用水历史数据，及时发现异常，排查检漏，有效避免水资源的浪费。

（五）室内环境

医院在设计中始终彰显以人为本的办医理念，综合考虑人性化设计因素。为了给患者及家属创造良好的休憩场所，项目设有休息连廊、屋顶花园等。为了给病患提供舒缓的感受，带来全新的医疗体验，并充分考虑病人的心理和生理效应建筑群体色彩统一协调，室内色彩主要选用高明度、低彩度的调和色，儿科诊室与病房、妇产科、中医科、高端病房的装修采用特色化配色，采用温馨装修风格，给病人创造良好的就医环境。另外，从优化就诊流程、医疗服务模式等角度出发，医院采用一站式全程辅助医疗服务模式，通过学科整合、流程再造实现了患者在家能挂号，缴费不排队，诊区内即可完成挂号、就诊、缴费、检查、检验、治疗、预约大型检查及住院等环节；建筑布局采用以疾病为中心的设计，通过开展多科联合，患者无须辗转各科，实现就诊流程优化；药房设置自动化取药窗口，可以实现自动化实时发药，减少病患等待时间。

图 16 室内柔和色彩设计

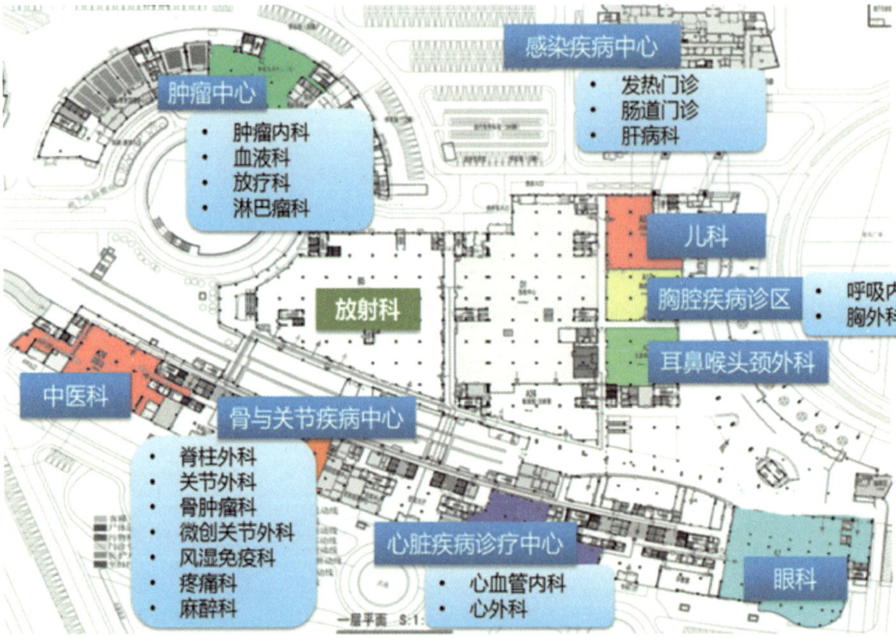

图 17　多科联合布局图

图 18　自动化取药系统

图 19　中庭自然采光

建筑设计中充分考虑病房、诊室、教室等的采光需求，以达到良好的采光效果。门诊大厅应用中庭式设计风格，在白天自然光线充足的情况下，即可满足室内采光需求。经采光模拟分析可知，64.52% 以上的主要功能空间的采光系数可以满足国家标准的要求，能够缩短灯具开启时间，降低照明能耗。

北大国际医院特殊区域（包括病理科、核医学科等区域）的排风系统均加装活性碳过滤器，废气经过活性碳过滤吸附后排到室外大气中，以减小对环境的影响。麻醉废气采用射流原理，以压缩空气作动力源，通过射流技术的废气终端收集气体，管道汇总后排至室外安全处。由负压吸引站排出的空气，进行过滤和消毒处理后方可排入大气。

医院设有 48 间手术室，空调机组具备冷、热两套表冷器、蒸汽加湿系统、强冷除湿系统及智能自动化控制系统，通过独立的空调机组为相应区域提供洁净的恒温恒湿空气。气流通过初效、中效、高效、亚高效过滤器的过滤，以及房间风量风速的调节，可有效保证各功能空间的使用需求及环境洁净度。院方设有手术室空调机组的监测平台，日常监测手术室及其附属房间的温度、湿度、压差环境指标及净化空调机组运行状况，每月检测手术室洁净度、换气次数、温度、湿度、压差，以满足医疗需求。

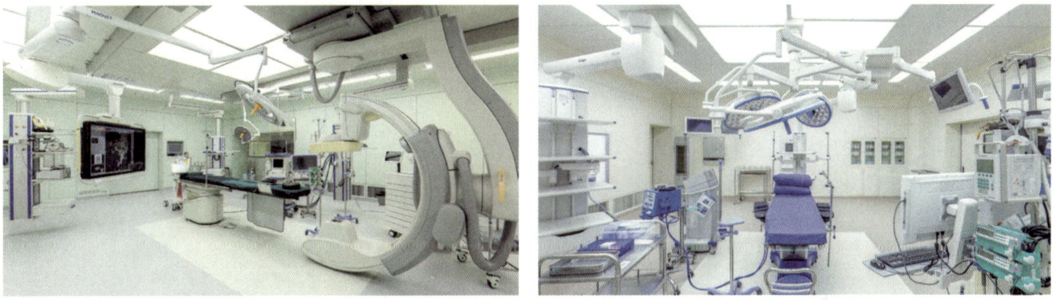

图 20 洁净手术室设备设施

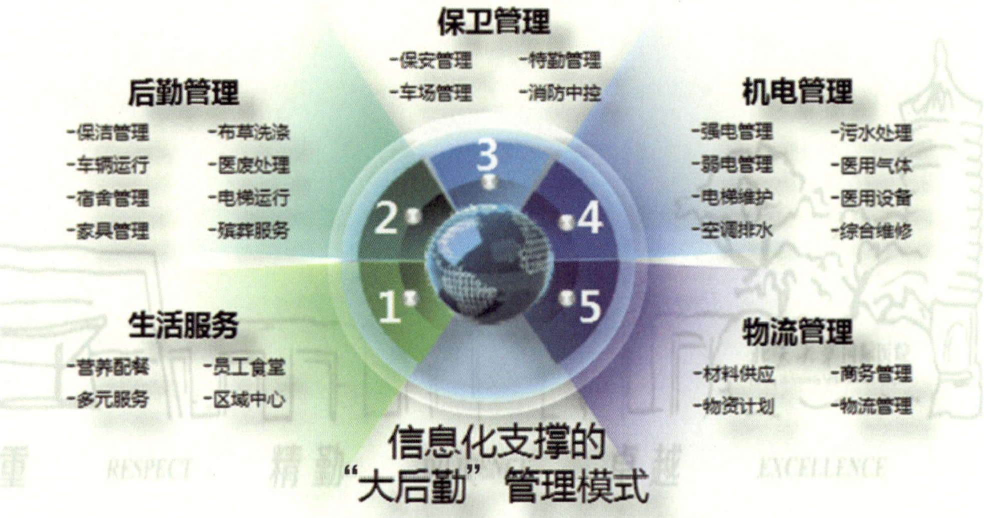

图 21 信息化支撑的“大后勤”管理模式

（六）运行管理

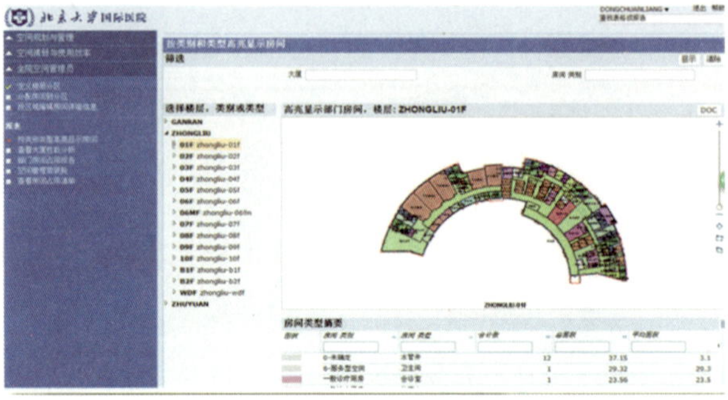

图 22　空间和设施管理系统

为保证医院设备、设施的正常运行，规范各项工作流程，加强员工行为管理，确保人身安全，项目制定了完善的运行管理制度、管理规程，明确组织架构、部门职责、岗位职责，并制订年度维保计划、检修表等文件。为加强员工管理，提高工作质量，使绩效考评工作更有针对性，制定了员工绩效考核评分管理细则。医院现已发布能源管理制度，制定各科室、部门的职责，规定了各项能源的消耗和使用，全院职工参与到节能减排工作中，且已获得环境管理体系认证、质量管理体系认证、能源管理体系认证等各项认证证书。

为响应国家“十三五节能减排工作方案”提出的要求，北大国际医院采用先进的技术，使用科学管理手段，运用绿色能源开展各项工作。项目不断尝试节能运行措施，采用冷机错峰运行、冷机小温差、节水宣传、能源预警、照明灯具改造等多手段结合的方式，以达到节能降耗的目的。

医院设有设施管理系统、医院资源综合管理平台（HRP）、Oracle 报销管理系统、楼宇自控系统、空间和设施管理系统、能源管理系统等，实现信息化支撑的“大后勤”管理模式，提升医院管理水平。

（七）创新

从打基础、建机制、稳健发展的“五年计划”，到强学科、树品牌、优服务的“十年目标”，最终建成与国际接轨，临床水平一流的医教研一体化大型综合性医院，北大国际医院一直在努力。在践行绿色建筑发展上，北大国际医院一直在行动。在绿色建筑创新技术的使用上，医院也一直起着先锋作用，给其他医院更好的借鉴及示范作用。从节约资源、保护环境、为病人和医疗工作者创造舒适的环境角度出发，医院项目采用气动物流系统、污衣收集系统、医疗废物低温库等创新技术，并取得了良好的使用效果。

医院的气体动力物流传输系统引进国外先进的成套设备，采用高智能多线程转盘式快速交换中心 10 条分支系统，共设置 109 个站点和 1 条点对点传输系统，检验科 7 个站点，利用自动化多线程转盘交换中心，共 10 条线程，并为本系统扩展至日后新建大楼预留 2 条分支系统。系统采用高级配置的高智能多线程转盘式快速交换中心具备的 10 条分支系统，每小时可处理传输瓶 400 次，可同时存储传输瓶 24 个（不含各站点存储的传输瓶），最多可同时发送 10 个传输瓶，比标准配置处理传输瓶提升效率达 30%，极大地解决了医院物流自动配送问题。

医院住院楼地下二层设有医疗废物低温暂存库，用于接收医院医疗废物，常年库温控制在 4℃，由专业处理医疗废物公司负责消毒、清运等，有效避免细菌的滋生、腐败发臭等。另外，住院楼设污衣收集系统，每层都设有垃圾投递窗口，垃圾通过管道坠落到地下二层，通过传送带输送到压缩机中，后通过压缩缩小体积，经环卫垃圾车运走，可以实现过程全密封，避免与人员接触。

三、项目运行效果

（一）运行效果

北京大学国际医院于 2014 年 12 月 5 日开业，现已运营四年有余，基本实现了运营之初的打基础、建机制、稳健发展，构建稳定的学科队伍、特色鲜明合理的学科布局的五年计划。项目目前各项管理机制完善，各项设备设施运行正常，并且医院管理团队一直在努力，不断向更节能的目标进步。医院目前看病人次也在持续增长，2016 年门急诊量比 2015 年增加近 4 倍，2017 年比 2016 年增加 1.3 倍，最高日门急诊量达 3350 人次；医院出院量

图 23 气动物流系统

2016 年比 2015 年增加 3.5 倍，2017 年比 2016 年增加 1.5 倍，最高日在院患者达 866 人次；手术量 2016 年比 2015 年增加 3.4 倍，2017 年比 2016 年增加 1.6 倍，三四级手术占比 47%。

（二）经济效益

北京大学国际医院项目总投资 45 亿元人民币，核准床位数 1800 张，设有 60 余个医疗临床和医技科室，是国内医院信息系统最早达到 HIMSS（美国医疗信息和管理系统学会）7 级的医院之一。

图 24 2015~2017 医疗业务量

项目从开业至 2018 年 6 月，不到四个完整年，出院人次已超 6 万人次，门诊量已超 163.5 万人次，已创收入超 22.4 亿元，年就诊人次及年收入水平呈增长趋势。尤其是 2017 年，医院就诊人次超 64 万，年收入超 9.5 亿元。从 2018 年上半年统计报表数据可知，2018 年上半年收入已达 6.5 亿元，就诊人次超 37.5 万，2018 年年收入达到运营五年以来最高。医院虽然是资本注入的非营利性综合医院，但是从 2014 年运行至今，项目就诊人次及年收入水平已经较预期提升很多，静态投资回收期 10 年应可实现。

（三）节能效益

项目在运营过程中不断寻求节能降耗办法，在医院就诊量逐年翻倍的情况下，项目电耗及水耗等增长幅度均逐年降低。根据项目能耗统计结果，2015 年电费 2192.14 万元，水费 162.79 万元；2016 年电费相较 2015 年增长 17%，水费增长 40%；2017 年电费相较 2016 年增长 3%，水费增长 5%；尤其是 2016 年与 2017 年的用电量、用水量基本呈持平状态，未来两年即可实现能耗逐年降低的目标。项目不仅升级节能降耗管理办法，而且不断对院方的硬件设备进行优化设计，如增设 RO 水回收系统，室外绿化从地面漫灌改为滴灌及微喷灌结合的节水灌溉方式，主要公共区域照明均改为 LED 节能照明灯具。经统计，RO 水回收系统每年可回收水量 1225.2t，室外绿化采用节水灌溉措施后每年节约用水量 6326.7t，照明灯具改造后相较改造前每年节约电量 67663kWh，水费按照 1.8 元 /m^3 考虑，电费按照平段电价 0.8318 元 /kWh 考虑，项目每年可节约费用 69875.5 元，而改造费用仅为 5.44 万元，节能效果显著。

（四）社会效益

医疗保健是人类维系生命、保护生产力的重要支持领域之一，群众对于医疗技术和卫生保健提出了更高的要求，迫切需要一家具有国际一流水平的医院。北大国际医院拥有中国地位最高的医疗保健、科研培训、临床教学体系和各种人才、技术、科研等资源优势，配合医疗服务体系改革的需要，将借鉴国外先进医疗服务体系的国际化平台，领跑医疗体制改革，积极探索创新，力争把北大国际医院建成一个体制、机制全面创新的示范性项目。作为医院的后勤管理者，在保证医院安全运行和为医患人员提供舒适环境的前提下，积极创新，不断学习和应用行业内的最新绿建技术，不遗余力地降低运营成本。用能的降低为减轻整个电网的负荷作出了贡献，同时也为医院节省了运营费用，实现了社会效益和经济效益的统一，也完美地诠释了绿色建筑可持续发展的理念。

08

北京大学第三医院北戴河国际医院

刘玉龙 王彦

一、项目概况

（一）项目简介

北京大学第三医院北戴河国际医院选址位于秦皇岛经济技术开发区核心区，临近戴河生态园，西靠抚宁区，南临秦抚快速路，距北戴河高铁火车站仅十分钟车程。医院围绕北医三院的特色专科以及“小综合大专科”办院模式，建成后不仅为辖区居民服务，而且要为周边的常住和流动人员提供医疗服务，因此，医院在区域卫生规划中充当着极其重要的角色。

规划用地主要包括综合医院区、特色医疗区、办公科研生活区，以及中心绿地区。其中，综合医院区主要包括门急诊、医技、病房等用房。特色医疗区位于综合医院用地西侧，包括医疗健康相关服务，如美容、体检、生殖中心、康复设施。办公科研生活区位于用地北侧，包括医院的会议中心、行政办公、教学科研用房，以及倒班宿舍。中心共享景观区是整个用地的空间核心、生态核心与景观核心，拟营造一个与城市生态网络和开放空间架构融合的可持续发展的生态空间。

（二）项目目标

项目拟成为在建筑全寿命期内，最大限度地节约资源（节能、节地、节水、节材）、保护环境、减少污染，为人们提供健康、适用和高效的使用空间，与自然和谐共生的绿色建筑。（参照标准：《绿色医院建筑评价标准》。）

图 1 北京大学第三医院北戴河国际医院效果图

表 1 医院经济技术指标表

序号	项目			总计
1	总建设用地面积			200118m^2
2	总建筑面积			252500m^2
	其中	地上		188840m^2
		地下		63660m^2
	2.1	1 号楼		198660 m^2
		其中	地上	137000 m^2
			地下	61660 m^2
3	容积率			0.94
4	建筑密度			28%
5	建筑层数			地上 12 层，地下 2 层
6	建筑高度			60.20m（室外地坪到檐口与屋脊平均高度）
7	绿化率			40.5%
8	机动车停车			1900 辆
	其中	地上		1004 辆
		地下		896 辆
9	床位数			1200 床

二、项目建设亮点

本项目满足《绿色医院建筑评价标准》中关于场地优化与土地合理利用、节能与资源利用、节水与水资源利用、节材与材料资源利用、室内环境质量和创新相关章节中各控制项条款的要求。

（一）场地优化与土地合理利用

1. 选址

规划设计指标符合所在地规划设计条件；符合各类保护区、文物古迹保护的建设控制要求。工程选址、总平面规划设计满足规划部门要求，规划选址时为现有空地。

无水系、植被、地形地貌等自然资源，未非法占用及破坏需特殊保护的区域。

2. 景观绿化

绿化用地设置合理，并与规划图纸绿地率景观图纸保持一致，同时绿地率大于标准要求的40%。另外本项目绿地或绿化广场设置的休憩设施，可定时向社会公众免费开放，以提供更多的公共活动空间。

合理选择绿化方式，科学配置植物。种植适应当地气候和土壤条件的植物，采用乔、灌、草结合的复层绿化，并且种植区域覆土深度和排水能力应满足植物生长需求。同时，绿地还采用了垂直绿化、屋顶绿化等方式。

3. 地下空间

项目的地下空间开发利用合理。首先该工程合理协调地上及地下空间的承载、震动、污染、采光及噪声等问题，避免对既有设施造成损害，预留用地，具备与未来设施连接的可能，并且在人员活动频繁的地下空间合理设置引导标识及无障碍设施。同时本项目与周边或院区内相关建筑的地下空间设有联通通道。

4. 采光与照明

总平面图规划合理，医疗区、科研教学区、行政后勤保障区，规划科学、分区合理。建筑朝向、病房楼的日照满足要求，且有利于自然采光。建筑布局有利于自然通风。传染病院、医院传染科病房、焚烧炉等考虑城市常年主导风向对周边环境的影响并设置足够的防护距离。在受用地限制无法避让对周边环境的影响时，在适当的防护距离处设置绿化隔离带。

为避免产生有关污染，在建筑外围护结构不设置玻璃幕墙。此外，室外照明设计满足现行行业标准《城市夜景照明设计规范》（JGJ/T 163—2008）关于光污染控制的相关要求，并避免夜间室内照明产生溢光。所有室内非应急照明在非运营时间能够自动控制关闭，包括在工作时间外可手动关闭，避免了不合理的夜间照明干扰住院病人的休息。室外夜景照明图纸说明中也包含了防治光污染控制措施。

5. 噪声控制

场地内环境噪声符合现行国家标准《声环境质量标准》（GB 3096—2008）

的规定。总图中合理规划病房楼、宿舍楼等位置，病房楼、宿舍等居住类用房尽量避免紧邻城市主干道，并在建筑不能避免临近交通干线或不能远离固定的设备噪声源时，采取有效措施降低噪声干扰。

6. 自然通风

场地内风环境有利于冬季室外行走舒适及过渡季、夏季的自然通风。

（1）基于研究结果，建筑物周围人行区距地 1.5m 高处风速小于 5m/s 是不影响人们正常室外活动的基本要求。冬季典型风速和风向条件下，建筑物周围人行区风速低于 5m/s，且室外风速放大系数小于 2。

（2）除迎风第一排建筑外，建筑迎风面与背风面表面风压差不超过 5Pa。

（3）过渡季、夏季典型风速和风向条件下，场地内人活动区不出现涡旋或无风区，或 50% 以上可开启外窗室内外表面的风压差大于 0.5Pa。

（4）在患者主要出入口设置避风候车设施。

7. 公共交通

建筑场地与公共交通联系便捷。

（1）医院院区主入口到达公共交通站点的步行距离不超过 400m 或到达轨道交通站点不超过 700m。

（2）医院院区主入口 400m 范围内设有公共交通站点（含公共汽车站和轨道交通站）。

（3）有便捷的专用人行通道联系公共交通站点。

场地内人行通道均采用无障碍设计，且与建筑场地主要出入口人行通道无障碍连通。

场地内自行车停车车位设置合理、方便出入，并设置了遮阳防雨和安全防盗措施，且提供了自行车棚。该设计鼓励使用自行车等绿色环保的交通工具，在细节上为绿色出行提供了便利条件。同时，机动车停车采用机械停车库、地下停车库或停车楼的方式，节约了用地。

急救车流线采用绿色通道设计。秦皇岛属于寒冷地区，因此，在医院建筑的急救部出入口，采取避风半开放门廊设计。

在场地内，结合地形地貌进行场地设计与建筑布局，保护场地内原有的自然水域、湿地和植被，采取生态恢复或补偿措施，充分利用表层土。在建设过程中确需改造场地内的地形、地貌、水体、植被等时，在工程结束后及时采取生态复原措施，减少对原场地环境的改变和破坏。

项目场地设计充分利用场地空间，合理设置绿色雨水基础设施：

（1）下凹式绿地、雨水花园等有调蓄雨水功能，水体的面积之和占绿地面积的比例达到 30%；

（2）合理衔接和引导屋面雨水、道路雨水进入地面生态设施，并采取相应的径流污染控制措施；

（3）硬质铺装地面中透水铺装面积的比例达到 50%。

合理规划地表与屋面雨水径流，场地年径流总量控制率 70%~85%，并根据年径流总量控制率，对应设计控制雨量，确定雨水管理设施规模和最终方案。

（二）节能与能源利用

围护结构热工性能指标优于国家现行相关建筑节能设计标准的规定，建筑的冷负荷和热负荷两项均优于国家和行业现行公共建筑节能设计标准的参照建筑。

1. 对建筑能耗进行分区和分项计量

（1）在按建筑单体、主要功能分区计量的基础上，对照明、插座及供暖通风空调系统用电进行分项计量。

（2）对大型医疗设备、电梯机型单独计量。

（3）对供暖、空调、生活热水和给排水主机房内的电耗和燃料消耗进行计量，并对不同能源进行分类计量。分类计量是指根据医院建筑消耗的主要能源种类划分进行采集和整理的能耗数据，如电、燃料（固体、液体和气体）、水、集中供热、集中供冷、蒸汽等。

（4）对供暖、空调、生活热水和给排水主机房内的主要设备分别计量。

2. 减少电气、供暖、通风和空调系统输配能耗

首先，变配电室设置在靠近负荷中心的位置。其次，供暖、供冷水系统或制冷剂系统的输配能耗低于国家现行节能标准要求限制 10% 以上。最后，空调、通风风道系统的输配能耗低于国家现行节能标准要求限值 10% 以上。

3. 使用节能建筑设备

（1）锅炉的额定热效率、占设计总冷负荷 85% 的空调制冷设备（冷水机组、单元空调机和多联机）的额定制冷效率满足现行国家标准《公共建筑节能设计标准》（GB 50189—2015）对节能产品的要求。

（2）变压器损耗符合现行国家标准《三相配电变压器能效限定值及节能评价值》（GB 20052—2013）对节能评价值的要求。

（3）其他非消防系统使用的水泵、风机符合国家现行有关标准规定的节能产品的要求；额定功率 2.2kW 及以上电机符合现行国家标准《中小型三相异步电动机能效限定值及能效等级》（GB 18613—2012）对节能产品的要求。

建筑设备系统根据负荷变化采取有效措施进行节能运行。在满足室内照度设计要求的前提下，总计占照明设计 85% 以上的灯具采取合理的分区回路设置，且通过自动控制系统实现灯具开关或调光控制。有多部电梯时，采用集中控制调节措施。

（三）节材与材料资源利用

现浇混凝土全部使用预拌混凝土。建筑砂浆全部使用预拌砂浆。

采用高强建筑结构材料，钢结构建筑 Q345 及以上等级高强钢材用量占钢材总量的比例不低于 70%。

合理采用高耐久性建筑结构材料，高耐久性混凝土用量占混凝土总量的比例不低于 50%。

室内装修选择坚固、结实、耐用的材料。内隔墙面材、门垭口、门和墙柱阳角的面材可抵抗水平冲击的破坏。墙面、地面、顶棚等部位采用易清洁、耐擦洗的建筑材料。一般医疗用房的墙面、地面、顶棚、墙裙等部位，选择易清洁、耐擦洗的建筑材料。手术室、无菌室和病房等洁净度要求较高的用房，室内装修材料需满足抗菌性要求。

公共部位，包括走廊、大厅和卫生间，进行土建与装修一体化设计，使装修不破坏和拆除已有的建筑构件及设施，避免重复装修及返工。

医院建筑中可变化功能的室内采用可重复性使用的隔断（墙），并且使用比例不小于 80%。

在保证安全和不污染环境的情况下，使用可再利用建筑材料，并且使用比例不小于 15%。

采用对资源消耗和环境影响小的钢框架结构体系。

（四）节水与水资源利用

采取有效措施避免管网漏损，选用密闭性能好的阀门、设备，使用耐腐蚀、耐久性能好的管材、管件。室外埋地管道采取有效措施避免管网漏损，并且在设计阶段，根据水平衡测试的要求安装分级计量水表，安装率达 100%。

给水系统无超压出流现象。卫生器具用水点供水压力均不大于 0.20MPa，且不小于用水器具要求的最低工作压力。

按用途和管理单元设置用水计量：

（1）按照使用用途分别设置用水计量装置，统计用水量；

（2）按照管理单元情况分别设置用水计量装置，统计用水量；

（3）公用浴室淋浴器、病房卫生间等采用刷卡用水等计量措施。

使用卫生器具用水效率等级达到二级。

绿化灌溉在采用节水灌溉系统的基础上设置土壤湿度感应器、雨天关闭装置等节水控制措施。

集中空调的循环冷却水系统采用节水技术，采用开式循环冷却水系统设置水处理措施；采取加大集水盘、设置平衡管或平衡水箱的方式，避免冷却水泵停泵时冷却水溢出。

合理收集利用蒸汽冷凝水等优质杂排水，实际收集利用水量占到可回收利用水量的 80%。医院存在不少可以回收利用的废水，如高纯水净化制作过程中排掉的废水、蒸汽凝结水等，在设计中进行了充分回收利用。

设计中 50% 的生活杂用水采用非传统水源。

对进入景观水体的雨水采取控制面源污染的措施。如在雨水进入景观水体之前设置前置塘、缓冲带等前处理措施，或将屋面和道路雨水接入绿地，经绿地、植草沟等处理后再进入景观水体，有效控制雨水径流污染。采取有效措施，利用水生动、植物进行水体净化。

（五）室内环境

通过进行室内噪声计算，使主要功能房间的室内噪声级符合现行国家标准《民用建筑隔声设计规范》的高要求标准。

（1）通过进行维护结构隔声性能计算，使主要功能房间的隔墙、楼板、门窗的隔声性能符合现行国家标准《民用建筑隔声设计规范》中的高要求标准。

（2）通过对项目进行室内采光模拟分析，使主要功能房间的隔墙、楼板、门窗的隔声性能符合现行国家标准《民用建筑隔声设计规范》中的高要求标准。60% 以上主要功能房间采光系数满足国家标准，采光均匀度好，眩光限制满足相关规范要求。

（3）通过对项目进行视觉分析，使 75% 的病房、诊室等房间可获得良好的室外景观。

（4）通过采光分析，进行合理的建筑设计或采用采光井、反光板、集光导光设备等措施改善地下空间自然采光，地下空间采光系数≥ 0.5% 的面积达到首层地下室面积的 5%。

（5）合理设计各种被动措施、主动措施，加强室内热环境的可控性。主要功能房间，如病房、诊室的使用者可通过开窗、遮阳等被动式措施，自主调整室内局部热环境，也可以对空调采暖末端进行自主调节。

（6）采取可调节遮阳措施，降低夏季太阳辐射得热。外窗和幕墙透明部分中，有可控遮阳调节措施的面积比例达到 50%。

（7）集中空调系统和风机盘管机组回风口，采用低阻力、高效率的净化过滤设备。

（8）对医疗过程产生的废气设置医用真空汇、细菌过滤器或采取其他灭菌消毒措施，使排气口排出的气体不影响其他人员的工作和生活。

（9）新风系统过滤净化设施的设置符合现行国家有关医院建筑设计规范的要求。

（10）门诊量、住院楼中人员密度较高的区域，设置室内空气质量监控系统，并保证健康舒适的室内环境。采用二氧化碳监控系统，对室内的二氧化碳浓度进行数据采集、分析，并与新风联动。设置与排风联动的二氧化碳检测装置，当传感器检测到室内二氧化碳浓度超过 1000μg/g 时报警，同时自动启动排风系统。对室内污染物进行监测，实现对室内污染物浓度超标实时报警，并与新风系统联动。

（11）平面设计时根据病人就诊流程，合理确定各功能区间的分布位置，采取引导分流、动静分区、增设楼层收费窗口等方法，对医院平面布局实现就诊流程优化，显著减少人员拥堵或穿梭次数。

（12）考虑人性化设计因素，公共场所设专门的休憩空间，充分利用连廊、架空层、上人屋面等设置公共步行通道、公共活动空间、公共开放空间，并考虑全天候的使用需求。

（六）创新

建筑方案综合分析当地的资源、气候条件、场地特征和使用功能，合理控制和分配投资预算，明显提高了资源利用效率，提高建筑性能质量和环境保护。通过对建筑设计方案的优化，降低建筑建造和运营成本。

应用建筑信息模型（BIM）技术，支持建筑工程全寿命期的信息管理和利用。在建筑工程建设的各阶段支持基于 BIM 的交换数据和共享，极大地提升了建筑工程信息化整体水平，工程建设各阶段、各专业之间的协作配合可以在更高层次上充分利用各种资源，有效地避免由于数据不通带来的重复性劳动，大大提高整个工程的质量和效率，显著降低成本。

卫生器具的用水效率均达到国家现行有关卫生器具用水效率等级标准中规定的Ⅰ级。

使用经国家和地方建设主管部门推广且适合医院建筑功能需求的新型建筑材料。新型建筑材料主要指的是符合医院功能需求的功能型建筑材料。绿色医院建筑中使用的新型建筑材料产品需满足相应的国家标准和行业标准规定的性能指标要求，并经国家和地方主管部门认可的第三方权威机构认证。

采取有效的空气处理措施，设置室内空气质量监控系统，并保证健康舒适的室内环境。除主要功能房间中人员密度较高且随时间变化大的区域外，还包括其他的人员经常停留的空间或区域。在设置室内空气质量监控系统的同时，还配合相应的、有效的空气处理措施，以保证空气品质。

运用有利于院内物流细分的技术手段（如物流小车系统）和设备系统，减少室内二次污染，提高效率。

（七）项目规划设计阶段得分

表 2 项目规划设计阶段得分统计表

	场地优化与土地合理利用	节能与能源利用	节水与水资源利用	节材与材料资源利用	室内环境质量	创新项	总分
总分值	100	100	90	80	96	10	
自评得分	75	68	76	75	84	5.5	
换算得分	75	68	84.44	93.75	87.5	5.5	
权重系数	0.15	0.3	0.15	0.15	0.25	1	
权重得分	11.25	20.4	12.66	14.06	21.87	5.5	85.74

项目绿色医院建筑评价可以达到《绿色医院建筑评价标准》（GB/T 51153—2015）三星级要求。其中全部控制项除设计不参评外，全部达标；设计阶段评价

的总得分应为评分项场地优化与土地合理利用、节能与能源利用、节水与水资源利用、节材与材料资料利用、室内环境质量5类指标的评分项，得分经加权计算后，与加分项的附加得分之和，且需满足单项得分都不小于40分，最后总得分满足大于等于80分的要求。

09

云南省保山市第二人民医院

杨继承　张伟　林牧　戴菖余　黄雪

一、项目概况

（一）项目简介

保山市第二人民医院（又称隆阳区人民医院，以下简称“保山二院”）建于1950年4月，集医疗、科研、教学、预防为一体，是隆阳区唯一一家综合性的国家二级甲等医院，医疗辐射周边各县共100余万人。保山二院始终坚持“以病人为中心”，不断更新管理理念、管理方法和管理手段，把患者满意度作为衡量医院管理的第一标准。

拟建项目地块位于云南省保山市北城区白塔路北侧、九龙路以西、兰城路以东。总占地面积约为100008m^2，总建筑面积约为214800m^2，规划设计床位1200床。地上建筑面积约为139548m^2，地下建筑面积约为75252m^2。工程总投资估算为129000万元。其中，新建综合门诊医技楼5层，建筑高度23.80m；新建综合住院楼地上17层，地下2层，建筑高度71.8m；行政科教楼地上6层，地下2层，建筑高度23.8m；后勤公寓楼建筑层数地上6层，地下2层，建筑高度23.8m；多功能厅地上1层，建筑高度10.3m；高压氧舱、垃圾站、污水处理站、液氧站、太平间、门卫房等附属用房地上1层。

图 1 保山二院效果图

医疗建筑抗震设防类别为重点设防类（乙类），建筑结构的安全等级为一级；后勤配套建筑抗震设防类别为标准设防类（丙类），建筑结构的安全等级为二级。工程设计正常使用年限为 50 年，设计地震分组为第三组，场地类别待定，抗震设防烈度为 8 度，设计基本地震加速度值为 0.20g，其中医疗建筑按照本地区抗震设防烈度提高一度，加强抗震措施。门诊楼、医技楼、感染楼、行政公寓楼、教学科研楼均为框架结构，住院楼为框架—剪力墙结构。

项目整体规划布局遵循“紧中有松”的原则，综合考虑土地开发、建造成本、绿色配套设施设置等方面，力求达到经济最优化设计。项目设计理念主要可以从以下几个方面阐述。

（1）规划布局：土地利用充分考虑建筑需求，并预留远期发展用地，实现土地利用最大化。建筑总平面布局充分考虑场地声环境、风环境和建筑日照情况来进行布置，充分利用自然条件，建筑布局有利于建筑日照采光和过渡季自然通风。

（2）建筑平面布置：建筑按功能需求集中设置，在满足医疗流程需求的前提下，综合考虑各功能房间对自然采光通风和室内声环境的要求，将对自然采光要求较高的房间沿窗布置，优化建筑内部的房间布局。

（3）景观环境：院区不仅有集中设置的大面积自然景观，为长期在园区内生活的人们提供休闲场所，也有融入建筑各处的小景观空间，为短时停留的人们提供绿色休憩场所。

（4）院区功能流线组织：做到人流、车流、物流分流，医患分流、患患分流，洁污分流，以点带面的形式，打通各医疗功能流程主动脉。

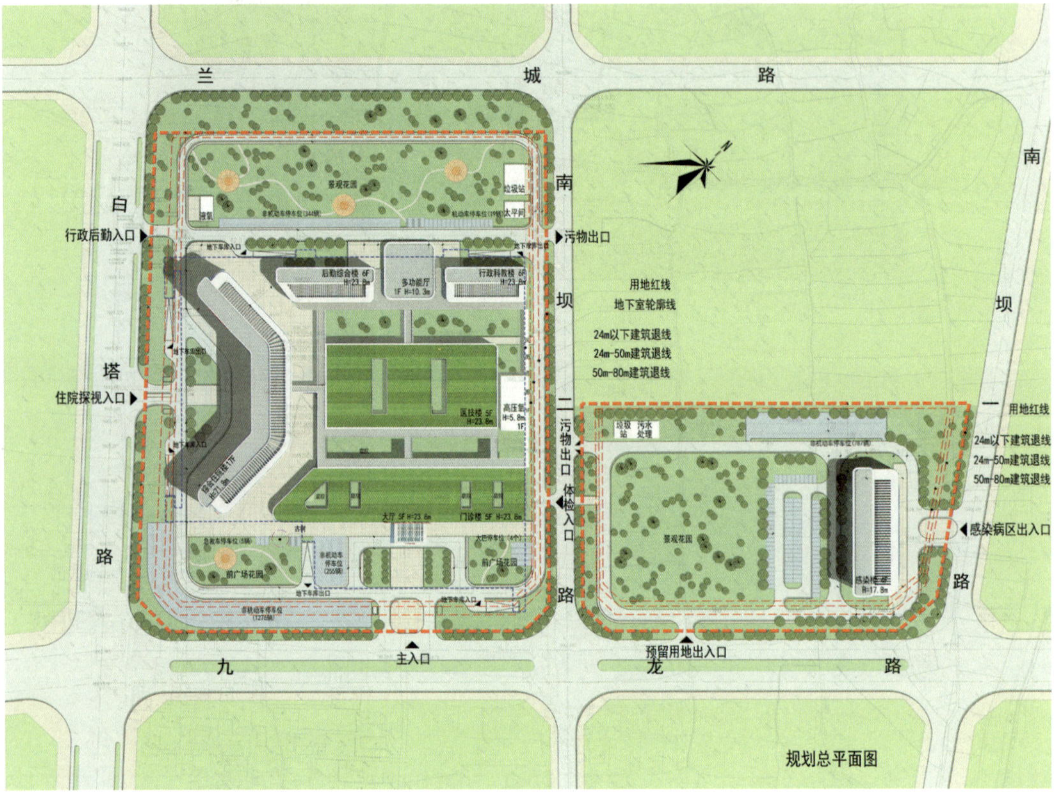

图 2 总平面布局图

（二）项目荣誉

项目在 2018 年 4 月由《中国医院建筑与装备》杂志社联合相关专业机构和权威媒体组织开展的“2017 年度中国医院建设匠心奖”评选中荣获“2017 中国医疗建筑设计年度优秀项目”荣誉称号。

二、项目建设亮点

针对传统医疗建筑能耗高、室内空气质量差、运行成本居高不下等特点，医院积极响应国家“节能减排”的号召，通过各方的科学论证、专业技术团队的指导，比选适合本项目的绿色建筑技术，拟采用最易实现、投资较少的绿色建筑技术使项目在满足人员需求、保证医疗流程、为人们提供健康舒适室内环境的前提下，最大限度实现节地、节能、节水、节材的目的，力争将本项目打造成为一个低资源消耗、低能源依赖、低增量成本的环境友好型三星级绿色医院。

（一）场地优化与土地合理利用

项目在规划设计阶段充分考虑土地利用的最大化，在进行建筑总体布局时综合考虑项目场地的声环境、日照情况，做到对自然资源的充分利用，地下空间的使用、绿化景观的布置为可持续发展打下了坚实基础。

1. 选址

项目基地位于保山市隆阳区东北面，紧邻隆阳区主城区，处于隆阳区未来发展的重要地段。目前场地周边尚未完全开发，未来逐渐会有住宅小区进驻。由于西南面为隆阳区主城区，大部分人流、车流主要从场地的西南面通过九龙路以及兰城路通往项目建设基地。

图 3 场地区位图

规划用地东临九龙路，红线宽度 40m，北面倚靠兰城路，红线宽度 25m，西临白塔路，红线宽度 40m，东临南坝一路，红线宽度 30m。南坝二路将项目基地分为左右两个地块。其中，白塔路目前已建成，其他道路均为规划道路。

2. 高效利用土地资源

（1）建筑规划布局合理

项目用地分为左、右两个地块，中间有城市道路穿越。感染楼布置在场地下风向，远离基地核心位置，利用倒吸虹隔离区形成天然隔离带，保证充足的卫生防疫生理及心理距离。

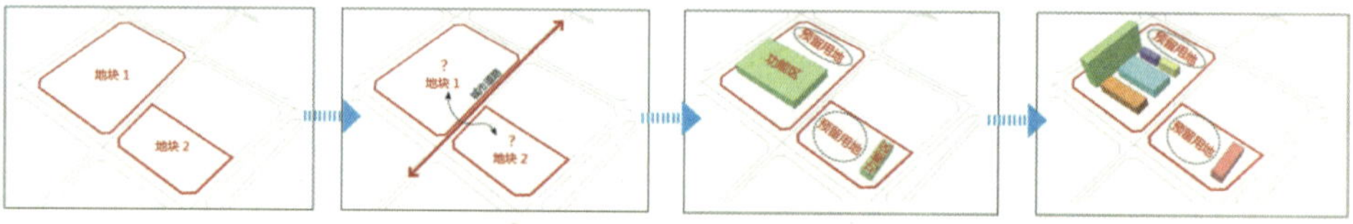

图 4　地块功能区划分图

在进行建筑平面布局设计时，充分结合建筑自然采光通风和场地环境，在满足医疗流程的前提下，将对自然采光和通风要求高的房间沿窗布置，并设置可开启外窗，在门诊医技楼设置露天庭院，可以改善裙楼内房间的采光和通风条件。

根据项目的实际需求，为提高就诊效率，特别注重门诊、医技与住院三大功能区之间的布局。在规划设计时，引入“品”字形的功能布局模块，门诊、医技和住院区相互咬合，有效缩短就医线路，使各功能块之间的联系更为紧密。

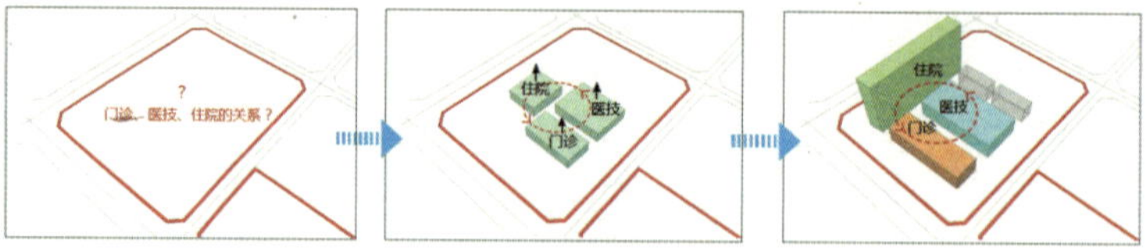

图 5　左地块功能区划分图

（2）地下空间利用

项目所在地地势平坦，地质条件允许设置地下室，项目设计地下室 2 层，地下总建筑面积为 75252m^2，主要功能房间为配电房、停车库、洗衣房、药库、库房、办公室、空调机房、设备机房等，最大限度地利用地下空间。充分考虑地下空间的自然采光设计，设置下沉庭院、采光井等设施来改善地下空间的采光效果，同时，在人员活动频繁的地下空间设置引导标识和无障碍设施。

3. 景观设计

为力争将保山二院打造成一座立体的花园式医院，为病患及家属、医疗工作者创造轻松愉悦、充满生机的环境，立体花园系统由下沉庭院、地面绿化、内庭院和空中花园等一系列立体多样化的景观元素组成。环绕医院的地面绿化形成令人心旷神怡的自然边界。

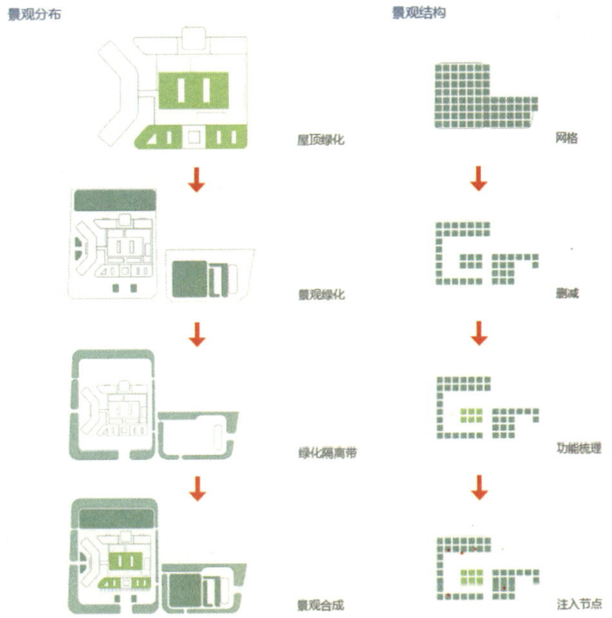

图 6 花园医院布置思路图

在基地内规划一个系统网络，使之在整个基地中形成一个系统的关联性，并整合各个区间的分离、简短、互补、对比与分裂关系。把基地景观划分为隔离带景观、庭院景观和屋顶绿化。在有限的空间内，为整个院区提供水平和垂直的多维度景观。隔离带景观使院区与周边环境相对独立，形成天然屏障；庭院景观为整个院区提供了核心共享景观；屋顶绿化丰富了建筑物的第五立面。

（二）节能与能源利用

项目位于自然环境资源优越的保山市，在设计时结合本地区的资源情况，合理利用可再生能源，为降低建筑后期运行费用打下基础。

1. 动力分布式智能通风系统设计

保山市年平均气温 15.5℃，最冷月平均气温 8.2℃，最热月平均气温 21℃，夏无酷暑，冬无严寒，四季如春。结合保山市室外参数和实际对舒适性空调系统的需求情况，项目夏季不设置舒适性空调系统，采用动力分布式智能通风方式。

医疗建筑是一个特殊的建筑群体，建筑能耗居高不下。传统医疗建筑充斥着特有的“医院气味”，交叉感染情况频频发生，且存在局部人员密集、空气混浊等情况。

项目建设本着消除“医院气味”，为公众提供健康舒适室内空气环境的原则，采用先进的、安全的动力分布式智能通风系统，对室内污染物浓度进行监测，做到新风按需供应，在保证室内空气质量安全的前提下，降低通风能耗。

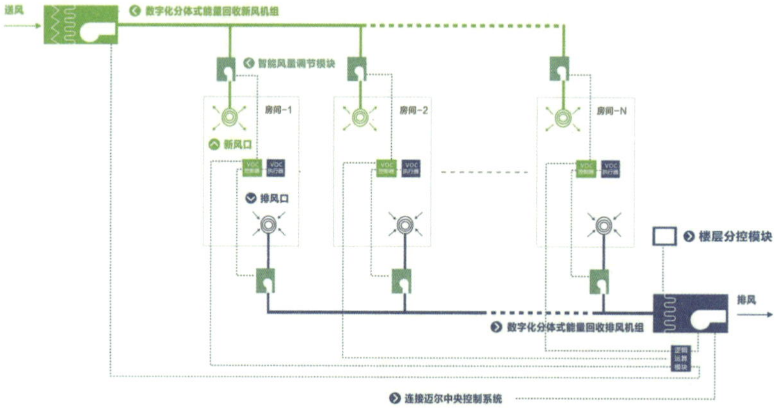

图 7 动力分布式智能通风系统原理图

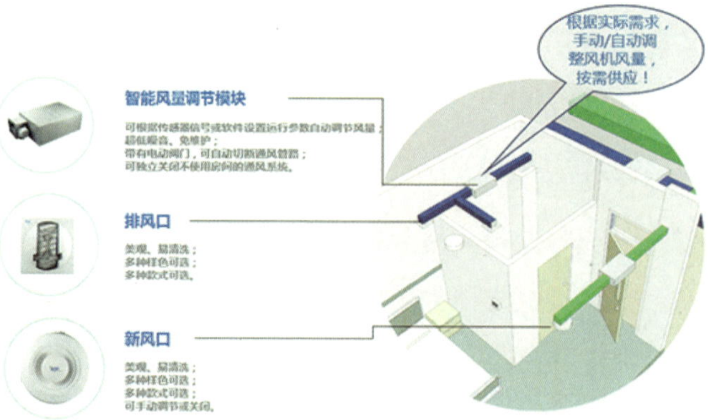

图 8 动力分布式智能通风系统末端形式及产品

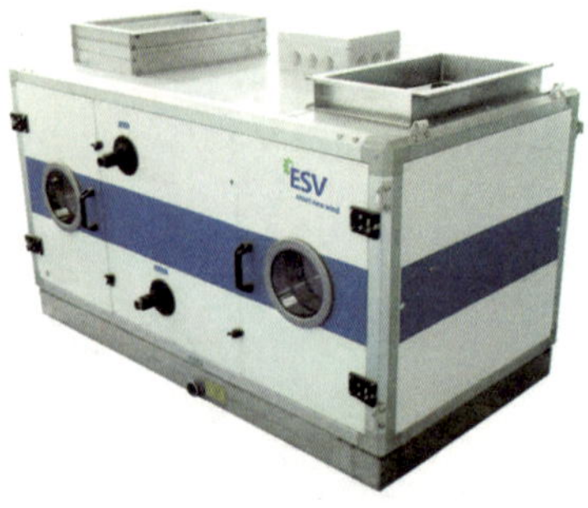

图 9 数字化节能新风机组产品

表 1 保山市室外参数

计算参数	夏季	冬季
大气压力（hPa）	830.3	835.7
供暖室外计算温度（℃）	—	6.6
空调计算温度（℃）	27.1（干球温度）	6.0
空调计算相对湿度（%）	—	69
通风计算温度	24.2	8.5
空调计算湿球温度（℃）	20.9	—
室外平均风速（m/s）	1.3	1.5
主导风向	C SSW	C WSW

采暖系统的设计结合保山市得天独厚的气候特征，并经对多个方案的论证，冬季采用空气源热泵空调系统供暖，空气源热泵机组设置于屋顶。

2. 生活热水系统设计

保山市太阳能资源比较丰富，日照时间长，太阳年均辐射量 5553.7MJ/m^2~5959.8MJ/m^2。项目所有的淋浴、手术室刷手、ICU 手盆、住院病房手盆等部位均有热水供应，采用全日制集中供应方式，主要热源为太阳能，辅助热源为空气源热泵热水系统和电加热，供水温度为 60℃，回水温度为 50℃，采用机械循环方式。手术室的热水配给设有温控稳压装置，手术室刷手池设置即热式电热水器，保证集中热水供应时的热水供应。

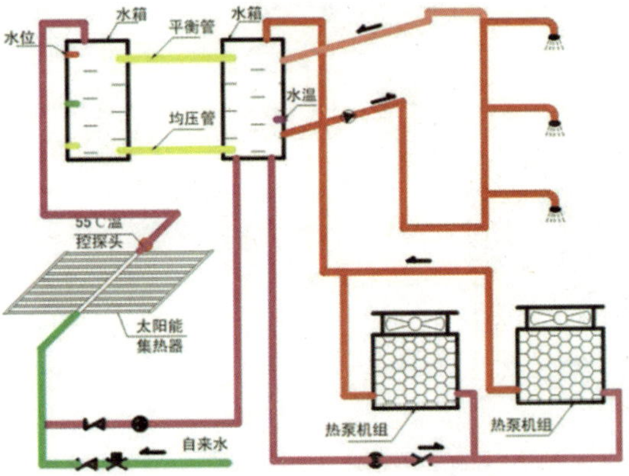

图 10 太阳能 + 空气源热泵热水系统原理图（引自网络）

3. 能耗计量系统设计

考虑到建筑后期运行时对各类系统设备的能耗情况有一个总体把握，便于管理人员分析建筑各项能耗水平，发现问题并提出改进措施，设计对建筑内各能耗环节实现分区、分项计量。

（1）能耗分区计量

项目电耗计量设计按建筑功能区域划分进行计量，细分至各科室计量，便于后期运行管理。

（2）独立分项计量

在电耗计量按分区计量的基础上，进行分项计量，具体如下：

①对照明插座系统、供暖通风空调系统用电进行分项计量；

②对大型医疗设备、电梯进行单独计量；

③对生活热水和给排水主机房（如锅炉房、换热站、冷水机房、给排水泵房）内的电耗和燃料消耗进行计量，并对不同能源进行分类计量；

④对生活热水和给排水主机房内的主要设备分别计量；

⑤建立能耗管理平台，监测各部分用电、用水、冷热源、燃气等耗能情况。

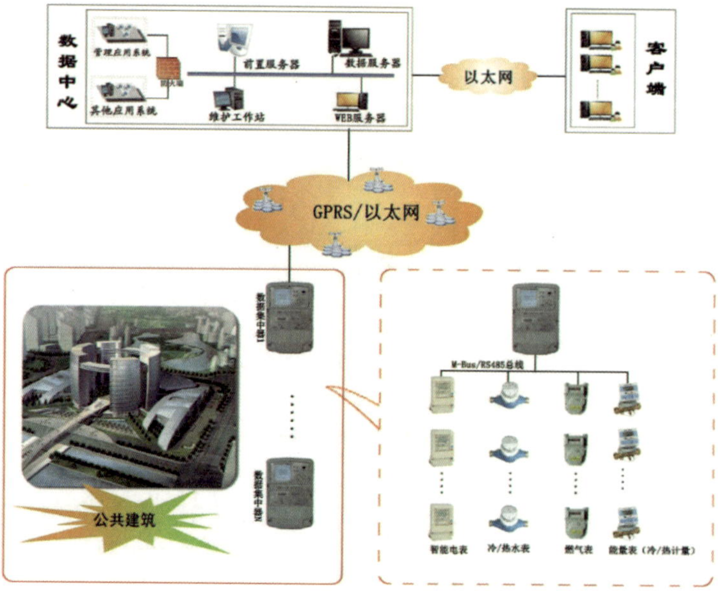

图 11　能耗监测系统图纸拓扑图（引自网络）

4. 照明系统设计

项目照明系统设计和建筑平面布置相结合。首先要充分利用自然光，根据自然光的照度变化对电气照明进行分区和控制，并采用了智能照明控制系统。

（1）节能灯具

结合具体功能区的照明需求，照明灯具优先选用T5型节能荧光灯、节能灯；门厅大堂等大空间选用金属卤化物灯具和节能灯混合照明；环境装饰照明采用LED灯，公共通道等一些必要场所设应急照明和诱导指示灯具；住院部病房和护理单元走道设夜间照明；手术室、治疗室、消毒室等洁净区设置紫外线杀菌灯。根据不同场所的特殊需求，选取不同显色指数、色温的灯具。

（2）照明质量

按照满足《建筑照明设计标准》规定的目标值进行设计，选取高效率的灯具及光源，并进行室内照明功率密度模拟，在满足照明质量（照度、统一眩光值、一般显色指数等）的前提下，保证建筑各房间及场所的照明功率密度值均低于规范要求的目标值。

（3）照明控制系统

项目照明灯具采取合理的分区回路设置。车库、走廊、大厅等公共区域灯具采用智能照明控制系统，通过自动控制系统实现灯具开关或调光控制；楼梯间等区域设置声光控延时开关控制；办公室、诊室、会议室等功能房间采取就地控制方式。

（三）节材与材料资源利用

项目在建筑设计阶段，为便于建设全过程的管控，从源头上控制项目的建设成本，降低项目对环境的影响，提升项目所采用建筑材料的耐久性，避免后期频繁改造造成的资源浪费。

1. 一体化设计施工

考虑到对材料资源的最大化利用，尽量避免后期施工过程中材料资源的浪费，项目统筹考虑各专项医用工程及土建配套工程的需要，利用BIM系统和协同设计平台建立完整的建筑数字化模型，合理建筑布局、优化结构形式及设备专业系统的集成，便于指导施工、后期运营及管理，保证设计更为合理，有效控制成本；保证施工有序进行，达到高完成度的控制目的。

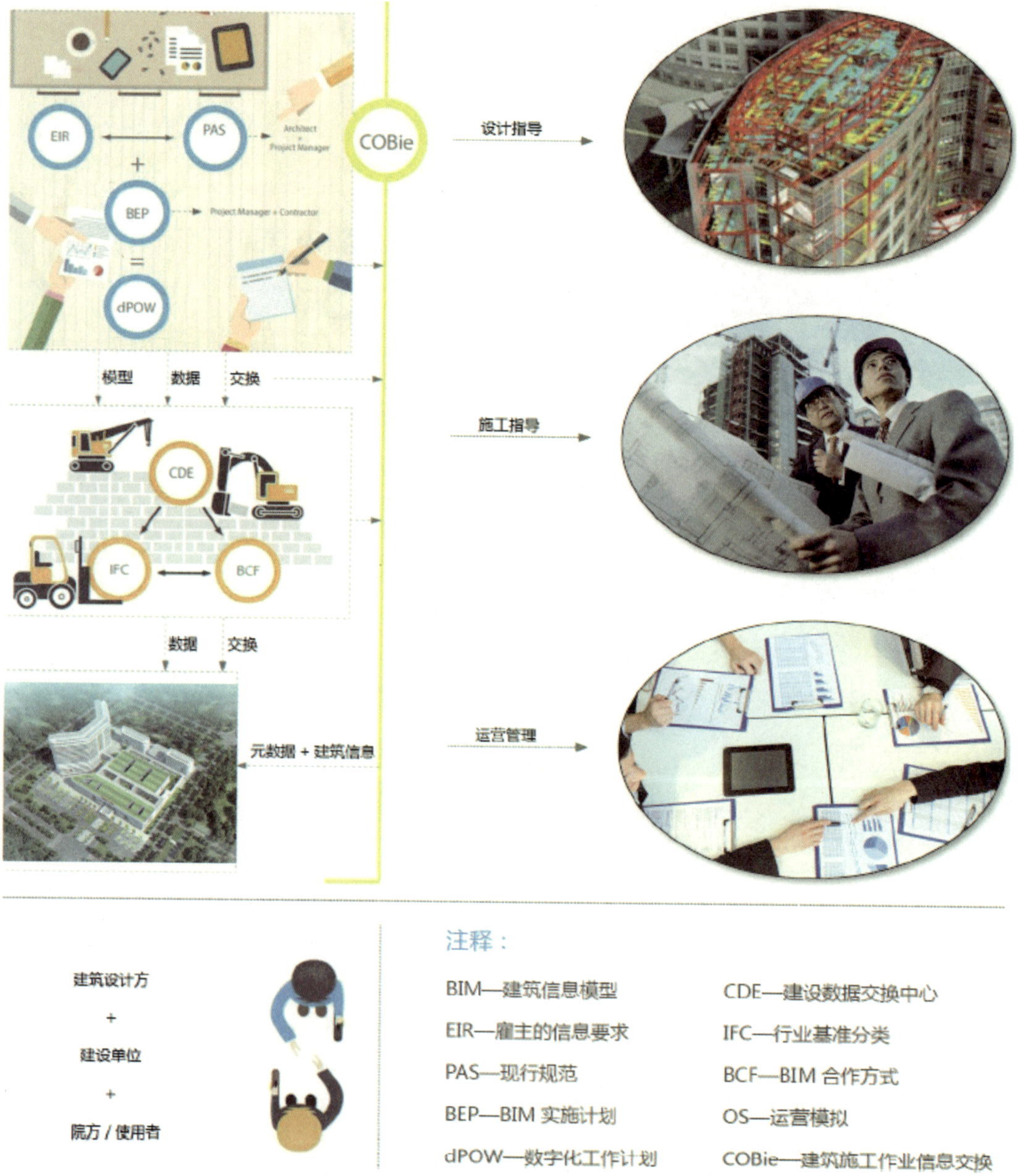

图 12　一体化设计施工概念图

2. 选择可重复利用的建筑材料

考虑到后期建筑房间存在功能变换的可能，项目行政办公区域采用可重复利用的玻璃隔断、分段式可拆卸隔断（墙）等灵活的隔断方式，在打造现代化办公环境的同时，减轻了对主体结构的影响。

3. 高强建筑结构材料

（1）高强钢筋

项目梁、柱纵向受力普通钢筋均采用 400MPa 级以上的热轧带肋钢筋，避免建筑结构中由于梁、柱选用不合适的材料强度而导致材料用量较大的问题，提高了抗震性能和经济效益。

（2）高耐久性混凝土

项目基础部分及地下室部分采用高耐久性混凝土，且使用的比例不低于项目混凝土总量的 50%。

表 2 高耐久性混凝土参数

抗硫酸盐等级	抗氯离子渗透（电通量法）	抗碳化性能（碳化深度）d（mm）	早期抗裂性能（单位面积上的总开裂面积）c（mm^2/m^2）
KS90	$1000 \leqslant Qs \leqslant 2000$	$10 \leqslant d \leqslant 20$	$400 \leqslant c \leqslant 700$

（四）节水与水资源利用

水是生命的源泉，合理规划对水资源的利用，并采取相应的节水技术措施，可带来明显的环境效益，提高水资源承载能力，水环境承载能力以及美化环境、维护河流生态平衡等方面的效益。

1. 节水器具

项目用水器具均采用用水效率二级以上的设备。所有生活用水器具均满足现行城市建设标准《节水型生活用水器具》（CJ/T 164—2014）及现行国家标准《节水型产品通用技术条件》（GB/T 18870—2011）的要求。

表 3　用水器具效率

用水器具类型	流量要求
水嘴	出流量≤ 0.125L/s［（在 0.10±0.001）MPa 动压下］
淋浴器	出流量≤ 0.12L/s［（在 0.10±0.001）MPa 动压下］
坐便器	单档一次用水量≤ 5L；双档平均用水量≤ 4L（5/3.5L）
小便器	一次用水量≤ 3L
大便器冲洗阀	一次用水量≤ 5L
小便器冲洗阀	一次用水量≤ 3L
洗衣机	波轮式和全自动搅拌式洗衣机单位洗涤容量的用水量≤ 22L/kg，洗净比≥ 0.83；滚筒式洗衣机单位洗涤容量的用水量≤ 12L/kg，洗净比≥ 1.03
道路高压清洗机	道路高压清洗机的流量为 15L/min
给水深度处理设备	采用废水排放量 25% 以下的设备

2. 用水计量

项目给水系统采用分级计量，计量水表的覆盖率达到 100%，对门诊楼、医技楼、住院楼、感染楼、行政公寓楼、教学科研楼分别设计三级计量水表，并按照使用途径，对食堂、洗衣房、空调系统、绿化浇灌等用水分别设置用水计量装置。

另外，按照各科室、部门或管理单元分别设置用水计量装置，对不同部门进行节水绩效考核，促进行为节水。

3. 给水系统无超压出流

对给水系统进行合理的压力分区，并根据水力计算结果适当地采取减压措施（设置减压阀等），使用水点供水压力不大于 0.2MPa，且不小于用水器具要求的最低工作压力。

当选用恒定出流的用水器具时，该部分管线的工作压力满足相关设计规范的要求。建筑因功能需要而选用特殊水压要求的用水器具时，根据产品要求采用适当的工作压力，选用用水效率高的产品。

（五）室内环境

要打造现代化的医疗环境，先进的医院后勤保障体系、优良的室内环境（包括室内声、光、热、湿环境）不可或缺，项目在建筑规划设计阶段就充分考虑对自然环境的利用，进行建筑布局，在打造健康舒适室内环境的前提下，尽可能节约能源和建设项目投资。

1. 室内噪声及隔声

噪声主要来源于道路交通噪声，变压器、水泵、风机等设备产生的噪声。经过对场地周边环境噪声的监测，项目昼间、夜间环境噪声均能达到 2 类标准要求，且在医院各边界均规划一定宽度的绿化带，可有效起到隔声降噪的作用。

在建筑材料选用方面，地板采用医院专用地板材料，防止楼板撞击声的传播；吊顶选用具备吸声功能的材料。

在处理建筑室内噪声源方面，将变压器放置于地下室，并采取墙体隔声措施。空调机组采用优质、低噪设备，且机房的隔墙、楼板由建筑专业作隔声处理。设在非机房内的吊顶新风机组（或新风换气机）采用消音板封闭，空调机组、水泵等设备设隔振垫等隔振减震措施。空调器送回风管及所有送排风机进出风管均设双层阻抗复合式消声器或消声弯头，送回风静压箱、旋流风口静压箱均内贴吸声材料、穿孔铝箔或无纺布覆面。采取以上措施后，可以有效减少建筑室内设备对建筑室内声环境的噪声影响，控制建筑室内背景噪声级满足国家现行标准《建筑隔声评价标准》的高标准要求。

2. 医疗物流系统

根据建筑功能布局，采用智能化物流运输系统、垃圾分类处理系统、医用气体系统、医用纯水系统等成熟可靠的智能化物流配给方案，保证医院物流供应高效可靠，做到“有应必供”，减少人力资源消耗。

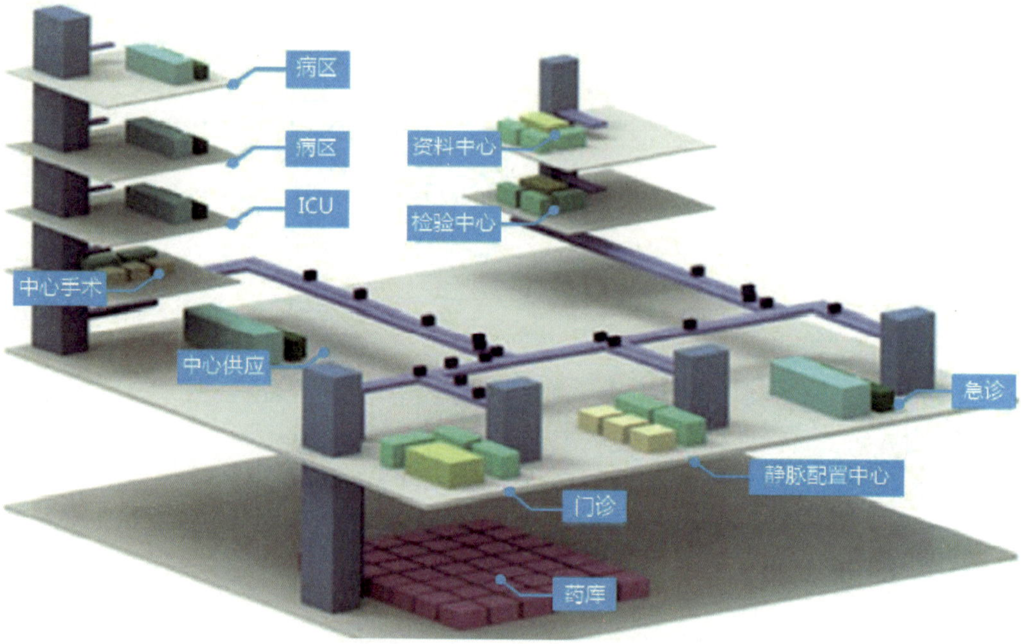

图 13　医院物流系统构架图

（1）医用气动物流传输系统

项目采用气动物流传输系统，主要用于医院内部各种日常医用物品的自动化快速传送。主要物品包括 X 光片、组织切片、化验标本、化验结果、药品、注射输液、手术包、病历卡、血浆、票据、处方等。

（2）医用轨道式物流传输系统

医院建筑功能区划分较为复杂，传输物品量较大，为节省物品传递时间、节约人力，项目全面采用轨道式物流传输系统。该系统能实现物品的水平、垂直传输，且各运输小车运行独立，互不干扰，系统安装简洁，为建设智慧绿色医院作出了重要贡献。

3. 科学的导向标识

工程导视系统经过科学的规划，主要分为户外标识牌、室内楼层（科室）标识牌、房间指引及提示警告标识牌三级导视系统，有助于患者与家属识别方位，提升医院形象。

4. 室内声光环境优化

通过合理的建筑布局，采取设置内庭院、采光天井等措施，改善室内采光、通风效果，有效降低室内照明系统、通风系统能耗，建成拥有高品质、现代化气息的绿色医院建筑。

（六）低成本增量

云南省保山市作为国家生态文明建设示范市，具有四季如春、气候宜人、太阳能和地热资源较丰富的特点，因此该项目建造成为三星级绿色医院具有得天独厚的地理优势。项目在建筑规划设计阶段就充分考虑与自然和谐共生，选用最易实现、最低成本、经济效益最优的绿色技术来实现三星级绿色医院建筑的要求，通过专业的绿色建筑咨询机构对本项目规划方案的评估和修改，在原医院需求的基础上新增技术仅有 3 个，即增设地下室采光井、增加室内空气质量监控系统、节水灌溉技术，为打造三星级绿色医院建筑产生的增量投资约为 400 余万元，单位面积增量投资约为 20 元 /m^2（根据公开文献统计，常规打造一个绿色三星级医院建筑单位面积增量投资约为 150 元 /m^2~200 元 /m^2），项目旨在打造全国增投最低的三星级绿色医院标杆。

组织单位介绍

重庆海润节能技术股份有限公司，始创于 1999 年，是专注于室内空气环境与可再生能源利用的国家重点高新技术企业、国家级节能服务公司，是医院专业新风系统、THO 衡温衡湿衡氧环境系统的开拓者和引领者，是绿色医院建筑等国家标准的起草编制者。

海润，是集产、学、研、用于一体的集团企业，下设 4 个研发支撑平台（包括国家级企业研发中心、博士后工作站、研究院、室内环境工程技术研究中心）、11 家分子公司和 2 个产品生产基地，获得 180 项国家专利等自主知识产权，起草编制 12 项国家及行业规范标准。

海润，已形成 5 大核心业务：绿色医院全过程技术咨询、THO 衡温衡湿衡氧绿色建筑整体解决方案、专业化智能新风系统解决方案、可再生能源能源站、绿色建筑能源管理，为医院、康养、地产、学校等建筑提供绿色建筑与室内环境的设计、投资、建设、运维等 EPC+EMC 一站式服务。

海润，已为200家医院提供服务，部分案例：解放军301医院、解放军304医院、北京大学国际医院、北京天坛医院、复旦大学附属华山医院、空军军医大学唐都医院、陆军军医大学、海军军医大学、毓璜顶医院、息烽县人民医院、西南医院、大坪医院、北京大学第三医院、安阳市人民医院、博兴县人民医院、博兴县中医医院、金锣国际医院等。

重庆海润节能研究院是一家民营非营利性机构，由享受国务院特殊津贴、全国建筑节能领域带头人付祥钊教授担任院长，拥有博士后科研工作站、创新人才培养示范基地、中国住宅与公共建筑通风研究组召集站等多个平台，专注研发建筑节能技术和面向全球提供绿色医院建筑全过程技术服务。下设多个分支机构。

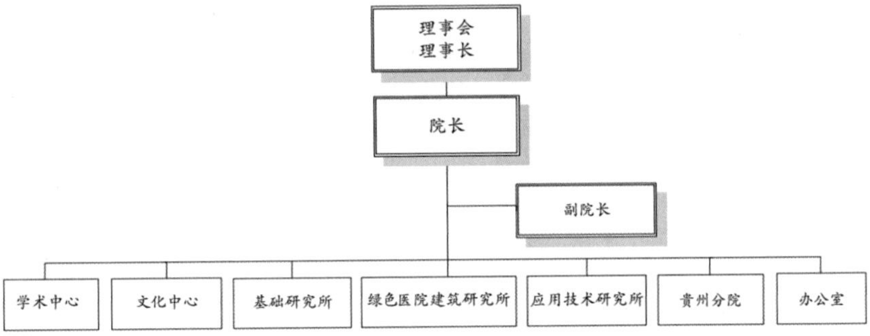

研究院组织架构

研究院与众多专家学者、企业，形成了高起点的"产、学、研"一体化平台。拥有专家50余人，专利40余项，起草编制国家及地方标准等10余部。

研究院始终坚持研读政策、解析标准、钻研技术，深入实践，为绿色医院建筑提供专业化的咨询，可以提供以下服务内容：

1. 绿色医院设计阶段专项技术分析；

2. 绿色医院施工方案制定、绿色材料、设备技术参数把控指导；

3. 绿色医院运行管理制度制定、运行管理人员培训、运行策略制定咨询；

4. 绿色医院建筑标识申报咨询服务。

5. 作为绿色信息平台，为医院项目提供优质的产品信息以及融资渠道。

自2010年成立，从为全国第一家绿色三星级医院提供技术服务，到国标《绿色医院建筑评价标准》的编制，全国获评16家三星级绿色医院中的9家由海润节能研究院提供技术服务，迄今为止，已经为全国100余家医院提供相关的技术服务。

作为一个开放的、包容的事业化平台，研究院期待与更多的医院、企业、高校等进行全方位的深入合作，期望为项目提供最大化的服务，推动中国绿色医院建设的高速发展。